Walther Rohdich
Cokki, der Marienkäfer
Eine Biografie

Walther Rohdich

Cokki, der Marienkäfer

Eine Biografie

Rediroma-Verlag

Bibliografische Information der Deutschen Nationalbibliothek:
Die Deutsche Nationalbibliothek verzeichnet diese Publikation in der Deutschen Nationalbibliografie; detaillierte bibliografische Daten sind im Internet über http://dnb.ddb.de abrufbar.

ISBN 978-3-96103-492-5

www.rediroma-verlag.de
19,95 Euro (D)

Inhaltsverzeichnis

Vorwort und Einleitung

Liebe Leserschaft, bevor wir uns daranmachen, in ein Abenteuer einzusteigen, das jeder Marienkäfer in der freien Natur durchzustehen hat, möchte der Autor erst einmal diesen sympathischen und jedem Gärtner freundlichen Burschen vorstellen. Er hat es verdient, noch bekannter zu werden als er es bereits ist. Auch wenn eine Lebensbeschreibung eines solchen Winzlings der Natur ungewöhnlich erscheinen mag. Wie kann man ihn überhaupt in seinem Lebensraum beobachten? Nun, wie alle anderen Tiere auch, ob groß, mittel oder klein: Indem man sich ihnen an die Fersen heftet, nicht locker lässt, viel Zeit investiert, ein gutes Auge hat und jede Menge Sympathien für das Objekt der Begierde aufbringt. Alles dieses ist, versichert der Autor, in den letzten Jahren geschehen und nun aufs Papier gebracht worden.

Jeder unserer tierischen und pflanzlichen Bewohner der Erde hat, - soweit er entdeckt wurde -, einen so genannten und notwendigen Namen von der Wissenschaft verpasst bekommen. Damit er im großen internationalen Sprachgebrauch verständlich und kenntlich gemacht werden kann. Unser Marienkäfer heißt demnach wissenschaftlich *Coccinella septempunctata.* Dieser griechisch-lateinische Name setzt sich zusammen aus *kokkinos* für scharlachrot, *septem* für sieben und *punc-*

tata getüpfelt oder gepunktet. Der sachliche deutsche Name lautet demnach „Siebenpunkt“. An vielen Tiernamen, die seit alters her bestehen, kann man gut ablesen, ob das Tier für uns Menschen sympathisch ist oder war. Manche Namen drücken sogar einen gewissen Grad von Verehrung aus. Das lässt sich beim Marienkäfer unschwer erkennen, wir stellen ein paar zutreffende Namen vor: Herrgottstierchen, Sonnenkälbchen, Glückskäfer, Gottesschäflein und den zweitausend Jahre alten Namen Freyas Vöglein der alten Germanen. Da ging‘s kultisch her und die germanische Göttin Freya wurde alsbald von der christlichen Maria abgelöst.

Weltweit hat man ungefähr viertausend Arten Marienkäfer gezählt, nur wenige von ihnen leben in Mitteleuropa. Unser häufigster Marienkäfer verdient die Sympathien, die ihm Gärtner, Blumen- und Naturfreunde entgegen bringen, voll und ganz. Wir gehen heutzutage mit Begriffen wie Nützling oder Schädling behutsamer um als früher. Zu schnell wird, wie früher üblich, ein Lebewesen verteufelt und ins Abseits geschoben, aber Marienkäfer sind für uns Menschen tatsächlich nur das eine, nämlich durch und durch nützlich – diese Ansicht wird der Autor im Verlauf vorliegender Biografie bestätigen.

Cokki und seine Larven sind nämlich äußerst gefräßige und unersättliche Vertilger aller Arten von Pflanzenläusen, welche durchaus, bekämpft man sie nicht, eine Bedrohung der menschlichen Ernährung darstellen können. In exotischen Ländern geht das so weit, dass Marienkäfer in großen Mengen zusammengefasst gezielt zur biologischen Bekämpfung von Pflanzenschädlingen heran gezogen werden. Das ist doch, wie heute jeder weiß, eine bessere Methode als der Einsatz von Chemikalien. Der Autor erwähnt nur nebenbei, dass man ausländische Marienkäfer im Fachhandel kaufen und dann im eigenen Garten an von Läusen befallenen Pflanzen aussetzen kann.

* * * * * *

Der Lebenslauf eines Marienkäfers, werte Leserschaft, der hier unter spannenden Verhältnissen mitverfolgt werden kann, ist in aller Sachlichkeit folgender: Das Weibchen, vom Männchen nicht zu unterscheiden, legt in der warmen Jahreszeit Hunderte Eier ab, meist in kleinen Portionen von einem Dutzend, und möglichst immer an Stellen, welche den bald ausschlüpfenden Larven „direkt" vor der Nase gute Start- und beste Lebensbedingungen bieten. Nämlich mitten im Futter, zum Beispiel in einer Blattlauskolonie. Je nach Witterung, ob warm oder kühl, schlüpfen die Larven in einer Woche oder später und machen sich sogleich gierig über die Blattläuse her. Erst sind sie winzig und gläsern durchsichtig und bald, durch dauerndes Fressen gefördert, mausern sie sich zu ein Zentimeter langen Raubtieren mit Borsten und kräftigen Beißwerkzeugen ausgerüstet. Alle Läuse werden nicht gegessen, sondern nur ausgesaugt und bleiben als leere Hüllen an Ort und Stelle.

Hat die Larve ihre endgültige Größe erreicht, verpuppt sie sich, indem sie sich sozusagen in ihren eigenen Anzug zurückzieht und sich kopfunter an einem Pflanzenstängel aufhängt. Die Zeit bis zum Schlüpfen, die wiederum von der Außentemperatur abhängig ist, wird die Puppe untätig und völlig passiv verbringen. Dabei ist sie allen unbekannten und unverhofften Gefahren des Daseins ausgesetzt. Dann eines Tages platzt ihre Hülle auf, der fertige Käfer kriecht hervor und benötigt eine gewisse Zeit, sich zu erhärten und vom ersten Blassgelb bis zum endgültigen Schwarzweißrot auszufärben. Wird der Käfer in dieser Zeit gestört, wie auch immer, ob von einem Sturm oder durch Fressfeinde, wird die Ausfärbung davon beeinflusst.

Somit ist der von Jahrtausenden Evolution vorgegebene Kreislauf geschlossen. Ein funkelnagelneuer Käfer tritt in diese Welt, ernährt sich, sucht seinen Fressfeinden zu entkommen und wird bald zu Paarung und Fortpflanzung schreiten. Die im Sommer geschlüpften Käfer können überwintern, indem sie sich rechtzeitig, vor dem ersten Frost, ein geschütztes, nicht zu trockenes Versteck suchen. Unsere Wohnungen, in denen sie im Herbst gelegentlich auftauchen, sind wegen ihrer Wärme und trockenen Luft ungeeignet zum Überwintern. Nicht jedoch manche Gartenhütte oder der Geräteschuppen, die aber im Frühjahr Möglichkeiten bieten müssen, ins Freie zu gelangen. Glückt diese Überwinterung, dann sind Marienkäfer im Frühling die ersten Boten, die ausfliegen und dann sogleich für Nachwuchs und Arterhaltung sorgen. Niemand von uns kann nachprüfen, wie viele Exemplare den Winter nicht überstanden haben. Der Autor wird noch, werte Leserschaft, zur rechten Zeit auf dieses Problem aufmerksam machen.

Ein Abriss über unsere Käfer und Marienkäfer

Käfer allgemein. Die Käfer (*Coleoptera*) sind mit über 350.000 beschriebenen Arten in 179 Familien die weltweit größte Ordnung aus der Klasse der Insekten. Noch immer werden jährlich hunderte neue Arten beschrieben. Sie sind auf allen Kontinenten außer in der Antarktis verbreitet. In Mitteleuropa kommen rund 8.000 Arten vor. Die bislang ältesten Funde fossiler Käfer stammen aus dem Perm und sind etwa 265 Millionen Jahre alt.

Der Körperbau der Käfer unterscheidet sich von dem anderer Insekten, weil die augenscheinliche dreiteilige Gliederung nicht dem Kopf, der Brust und dem Hinterleib entspricht, sondern der zweite Abschnitt nur aus dem Prothorax besteht, von dem auf der Körperoberseite nur der Halsschild sichtbar ist. Die übrigen beiden Abschnitte der Brust bilden mit dem Hinterleib eine Einheit und werden vom sklerotisierten ersten Flügelpaar, den Deckflügeln, überdeckt.

Mit etwa 170 Millimetern Länge ist der Riesenbockkäfer (*Titanus giganteus*) aus Brasilien die größte Käferart; die Goliathkäfer zählen mit etwa hundert Gramm Gewicht zu den schwersten Insekten. In Europa schwankt die Größe der Käfer zwischen ungefähr 0,5 und 75 Millimetern. Der größte mitteleuropäische Käfer ist der Hirschkäfer (*Lucanus cervus).*

* * * * * *

Marienkäfer speziell. Die Marienkäfer (*Coccinellidae*) sind eine weltweit verbreitete Familie halbkugeliger und flugfähiger Käfer, deren Deckflügel meist eine unterschiedliche Anzahl von auffälligen Punkten aufweisen. Viele Arten ernähren sich von Schild- und Blattläusen. Marienkäfer sind bei jeder Bevölkerung beliebt und tragen die unterschiedlichsten Namen in der jeweiligen Umgangssprache. Diese Beliebtheit begründet sich unter anderem darin, dass sie im Gartenbau und der Landwirtschaft nützlich sind. Allein in ihrer Larvenzeit fressen sie je nach Art bis zu 3.000 Pflanzenläuse – und es gibt nach Gärtnerangaben Fälle, bei denen sich hundert und mehr Larven an den Blattläusen gütlich tun.

Marienkäfer sind in ihrem Aussehen sehr variabel, was ihre Bestimmung erschweren kann. Dieselbe Art kann in Dutzenden Mustervarianten auftreten. Manche, wie etwa der seltene Luzernemarienkäfer, erreichen sogar 4.000 verbürgte Varianten. Früher wurden diese Varianten innerhalb derselben Art mit eigenen Namen belegt. Beispielsweise beim Zweipunkt Marienkäfer (*Adalia bipunktata*) mit über 150 Bezeichnungen. Sie werden heute nicht mehr verwendet und sind wissenschaftlich unbedeutend. Bei manchen Untergruppen kann eine Bestimmung schwierig sein und zuverlässig nur aufgrund einer Untersuchung der

Genitalienorgane erfolgen. Die Käfer können gut fliegen und erreichen 75 bis 91 Flügelschläge pro Sekunde. Manche Arten, wie der Lichtmarienkäfer (*Calvia decemguttata*), lassen sich in der Nacht durch künstliches Licht anlocken. Das lässt auf nächtliche Flüge zur Ausbreitung schließen. Ansonsten sind unsere Marienkäfer ausgesprochene Sonnenanbeter.

Cokki und seine engsten Verwandten

Merkmale und Kennzeichen. Die Körpergröße unseres Siebenpunkts variiert von einem bis zwölf Millimeter und auch die Form unterscheidet sich von halbrund bis oval. Die Unterseite der meisten Marienkäfer ist tiefschwarz und mit Mulden versehen, um die einklappbaren Beine aufnehmen zu können. Bei Gefahr nämlich ziehen die Käfer ihre sechs Beine unterm Körper reflexartig zusammen und fallen damit meistens von der Pflanze auf den Erdboden – nur selten wird ein Fressfeind nach vergeblichem Angriff dort nachschauen.

Die roten Käfer haben meistens schwarze Köpfe, bei anderen Arten gleichen sich Kopf- und Körperfarbe. Wir haben schon erwähnt, dass es bei Marienkäfern mehr Varianten gibt als bei anderen Käfern. Aus dem Kopf ragen nach vorn die zwei gegliederten Fühler, die am Ende ein wenig verdickt sind. Die Mandibeln, gleich Mundwerkzeuge, sind so unterschiedlich, dass sie hier kaum beschrieben werden können. Am meisten interessieren den Betrachter die runden und glatten Flügeldecken, unter denen die eigentlichen Flügel sorgsam gefaltet untergebracht sind. Die Flügeldecken oder Deckflügel müssen also vor dem Flug aufgeklappt werden. Wir verweisen hier auf den Maikäfer, dessen gut zu beobachtender Start wohl jedermann schon gesehen und erlebt hat.

Die Färbungen und Punkte. Bei ihrer Beschreibung und Beobachtung stehen wir vor einem echten Wunder und müssen gestehen, dass uns die Farbe Rot sehr sympathisch erscheint. Unser Cokki verdankt seine Farbe dem Lycopin, die schwarze Farbe wird durch Melanin erzeugt. Wichtig bleibt festzustellen, dass die aus den Puppen geschlüpften Käfer noch nicht ausgefärbt sind. Sie brauchen eine gewisse, von der Temperatur abhängige Ruhezeit, um sich ungestört ausfärben zu können. Fast alle auffälligen Färbungen im Tierreich, rotschwarz, gelbschwarz, orangeschwarz in Streifen und Punkten, dienen als Warnung an potentielle Fressfeinde: Achtung, ich bin giftig und schmecke abscheulich! Aus der heimischen Tierwelt wollen wir hier außer den Marienkäfern nur Wespen, Hornissen, Feuersalamander und Unken nennen, Marienkäfer können bei Gefahr einen gelblichen Saft aus den Öffnungen ihrer Gelenke absondern, der giftige Alkaloide enthält.

* * * * * *

Punctata, wir erwähnten es schon, ist lateinisch und bedeutet punktiert. Die Anzahl der Punkte bei den einzelnen Arten variiert stark, es gibt Käfer mit 2, 4, 5, 7, 10, 11, 13, 14, 16, 17, 18, 19, 22 und 24 Punkten. (Diese Zahlen sind im Lateinischen teilweise wahre Zungenbrecher!) Früher glaubte man fälschlich, die Zahl der Punkte sei eine Altersangabe. Wer sich intensiv mit der Tierwelt im heimischen Garten beschäftigt, wird feststellen, dass der Siebenpunkt unser häufigster Marienkäfer ist.

Wir berichteten schon, dass bei den Marienkäfern Männchen und Weibchen auf den ersten Blick nicht zu unterscheiden sind. Aber den Partner erkennen Marienkäfer natürlich sofort. In der üblichen Hauptpaarungszeit nach dem Winter kann man oft an Pflanzenteilen wie Stängeln, Blättern, Trieben und Ästen die Paare beobachten, wobei das Männchen aufgeritten und fest mit dem Weibchen verbunden ist.

Im mittleren Frühjahr von Ende April bis Anfang Mai beginnt das Weibchen der Marienkäfer mit der Eiablage. Voraussetzung ist ein häufiges Vorkommen von Blattläusen. Die Evolution hat diese kleinen Lebewesen mit genügend Raffinesse ausgestattet, dass sie ihre Eier nicht in einer Masse absetzen, sondern in Portionen von einem Dutzend bis fünfzig Stück. Dazu wenn möglich in der Nähe von Blattlauskolonien, so dass die geschlüpften Larven sofort „an einen gedeckten Tisch zu sitzen kommen". Blattläuse wandern nicht ab, wenn sie passende Pflanzen zum Saugen gefunden haben. Sie werden dann oft von den Garten- oder Wiesenameisen besucht, die sie gerne „melken", das heißt, ihnen den süßen Saft der Pflanzen „vom Hintern ablecken".

Der Werdegang des Insektennachwuchses ist kompliziert. Außerdem zahlreichen Gefahren unterworfen. So dass die Verluste, gemessen an anderen Tierarten, sehr hoch ausfallen. Haben die Larven die erste Woche überstanden, sind sie zu flinken Läufern und Kletterern geworden, vor denen ihre Beutetiere keine Chance zum Entkommen haben. Sie selbst, die ja auch Beutetiere anderer Fressfeinde sind, müssen auf diese achtgeben: Singvögel wie Grasmücken, Zaunkönig, Nachtigall, Meisenarten, Feldspatzen und andere durchstreifen in dieser Zeit die Vegetation auf der Suche nach Nahrung für ihren Nachwuchs.

Die Larven der Marienkäfer benötigen dreißig bis sechzig Tage, oft also bis in den Sommer hinein, um ausgewachsen zu sein und sich verpuppen zu können. Auch in dieser inaktiven Phase ihres Lebens erleiden sie hohe Verluste durch Fressfeinde, Unwetter und Aktivitäten der Menschen, die sich nicht in wichtigen Arbeiten „von kleinem Viehzeug" aufhalten lassen wollen und können.

„Fressfeinde." Hinter diesem Unwort verstecken sich „natürliche" Feinde, von denen jedes Lebewesen dieser Erde rundum umgeben ist. Ein Internet-Lexikon erklärt den Begriff folgendermaßen: „Prädator, lateinisch praedatio = Beutemachen, Plündern, Rauben bezeichnet in der Biologie, in allgemeiner Form, einen Organismus, der einen anderen zum Zweck der Nahrungsaufnahme nutzt und dabei meist tötet. Das Opfer des Prädators ist

dessen Beute. Synonyme Bezeichnungen für Prädator sind Räuber, Beutegreifer, Fressfeind und seltener Episit. Steht ein Prädator in der Nahrungskette ganz oben, spricht man von einem „Spitzenprädator."
Also von unten nach oben:
Marienkäferlarve frisst Blattlaus,
Gartenrotschwanz frisst Marienkäfer,
Marder frisst Gartenrotschwanz,
Wolf frisst Marder,
Bär frisst Wolf und
Löwe frisst Bär.
Der Löwe, bei uns nicht mehr vorkommend, ist also ein Spitzenprädator! Wenn der Mensch den Löwen „frisst", rückt dieser natürlich auf den zweiten Platz zurück.

Man kann auch sagen, „je kleiner der Happen, desto mehr haben Appetit auf ihn". So könnte man lapidar das Wort Fressfeind durch „Appetit-Happen" ersetzen. Später, werte Leserschaft, berichtet der Autor, wie sich Marienkäfer durch ihre Warnfarbe und ihr bitteres Sekret vor den gefürchteten Prädatoren schützen konnten. Das konnte nicht immer klappen: Dann nicht, wenn der Fressfeind, zum Beispiel eine gierige Erdkröte, den Marienkäfer schon im Maul erdrückt hatte, ehe sie ihn wieder ausspuckte.

Folgende Beutegreifer stellen den Marienkäfern nach: Allerlei Mäuse, viele Vogelarten,

Eidechsen, Frösche, Kröten, Spinnen, Käferkollegen wie Laufkäfer, Raubwanzen, Wespen, Hornissen und in der Luft Schwalben, Sperlinge und Libellen. Eine Wespe hat sich sogar vollkommen auf Marienkäfer spezialisiert: Es ist die Marienkäferbrackwespe (*Dinocampus coccinellae*), welche dem Käfer eines ihrer Eier unter die Deckflügel zu praktizieren weiß – ein echter Parasit ist sie, denn die dort schlüpfende Made frisst schließlich ihren Wirt auf.

Der Winterschlaf. Wer zu jenen Lebewesen zählt, die im Winter nichts zu essen finden, muss diese Jahreszeit ruhend verbringen. Wir werden im Verlauf unserer weiteren Erzählung noch die Begriffe „Winterschlaf" und „Winterstarre" ausführlich erklären. Denn Cokki gehört zu jener Generation Marienkäfer, die einmal überwintern…

Geschichten, nette und kluge Worte über Cokki & seinesgleichen

Alfred Edmund Brehm, geboren am 2. Februar 1829, gestorben am 11. November 1884, war ein Zoologe und Schriftsteller. In seinem großen Werk „Illustrirtes Thierleben“ von 1869 hat er fast allen ihm bekannten Tierarten ein Denkmal gesetzt, wie es schöner nicht ausfallen konnte. Man fühlt sozusagen seine umfassende Tierliebe heraus! Natürlich hat er sich auch über Marienkäfer geäußert, so dass wir ihn hier zu Wort kommen lassen können. Wir wollen auch seinen „Bandwurmsatz“ am Anfang ungekürzt bringen:

„In der Zeit, wo sich die Natur zu ihrem allgemeinen Winterschlafe anschickt, an Baum und Strauch die noch vorhandenen Blätter durch ihre Färbung sich als halb todte Organe zu erkennen geben und die kleinen und kleinsten Wesen sich beeilen, eine gute Schlafstelle zu bekommen, findet man schwerlich ein etwas zusammengerolltes, trockenes Blatt, in dessen Höhlung nicht wenigstens drei, vier, fünf rothe Käferchen mit schwarzen Rückenpunkten oder schwarze mit rothen Fleckchen säßen, in der Erwartung mit jenen herunterzufallen und unter dem nachfolgenden Laube zu werden. Wir sehen sie jetzt sich so massenhaft in ihren Verstecken für den Winter sammeln und einzeln begegnen sie uns während desselben in unseren Zimmern… Daß die Volkssprache eine Menge Namen für sie hat, zum Beispiel Sonnenkäfer, Herrgotts-Kühlein, Sonnen-

kälbchen, Gottesschäflein, Marienwürmchen, lady-birds, vaches à Dieu und andere, beweist zur Genüge, daß man sie allgemein kennt, und wegen ihrer Leidenschaft, den Blattläusen nachzustellen, sollte man sie auch allgemein pflegen. Der Siebenpunkt, siebenpunktierte Marienkäfer gehört zu den größten und gemeinsten heimischen Arten. Er kommt im ersten Frühling mit der allgemeinen Auferstehung aus seinem Winterlager, paart sich, und schon Anfang Mai kann man fast erwachsene Larven sehen. Im Juni und Juli wird die Gesellschaft zahlreicher. Wenn man die Larven in ihrer Ruhe stört, so hebt sie den Vordertheil ihres Körpers und lässt ihn wieder fallen, oft so taktmäßig wie der Hammer einer schlagenden Uhr. Nach ungefähr acht Tagen schlüpft das vollkommene Insekt aus..."
Soweit Herr Brehm!

Auch bekannte Dichter haben sich dieses Käfers angenommen. Die Geschichte hat gezeigt, dass, wenn eine Religion sich eines Tieres annimmt, es meistens vor bösem Zugriff des Menschen gesichert ist. Tritt dann auch noch ein hoher Repräsentant einer Religion, in unserem Fall die Jungfrau Maria, höchstpersönlich für ein Tier ein, kann es als gerettet angesehen werden. Wir führen ein paar gegenteilige Ansichten an:
Ein Mistkäfer kann schwerlich göttlichen Beistand verlangen, obwohl seine Mist-Arbeit in vielen Ge-

genden unseres Planeten von hoher Bedeutung ist; oder der Kartoffelkäfer, so hübsch er in Erscheinung tritt: Er konnte früher den Ernteertrag von Kartoffeln schwer schädigen; desgleichen der Kornkäfer; auch der Maikäfer, den Kinder so lieben, kann, - der Autor hat‘s im Odenwald 1941 selbst erlebt -, bei Massenauftreten ganze Laubwälder kahl fressen.

Also: Maria gab ihre Gunst her. In ihrem Auftrag, glaubte man im frühen Mittelalter, seien die bunten unterschiedlich gefärbten und punktierten Käfer als Schädlingsbekämpfer unterwegs. Was konnten damalige Landwirte und Gärtner anderes tun, als in ihnen ein heiliges Geschenk des Himmels zu sehen und sie zu hegen und zu pflegen? Als Nebenprodukt ihrer Tätigkeit für den Menschen wurden den Marienkäfern Kräfte nachgesagt, welche gegen Hexen und anderes Unheil gefeit machen sollten.

* * * * * *

Da wundert es nicht, mit welcher Hingabe der so genannte Volksmund sich der roten Marienkäfer angenommen hat. Hier die Kostprobe eines bekannten Gedichts:

„Sie haben rote Röckchen an, mit kleinen schwarzen Punkten dran.
So machen sie den Sonntagsgang auf unserer Gartenbank entlang.

Sie schauen nach dem Wetter aus, da wird gewiss
Gewitter draus.
Erst schaut Papa, dann die Mama, dann die ganz
Kinderschar.
Jetzt wolln sie auf die Wise gehen und die schönen
Blumen sehn.
Sie tanzen lustig Ringelreihn, zuerst allein, dann
zu zweien."

Sehr bekannt ist das Gedicht „Marienwürmchen" aus „Des Knaben Wunderhorn" von Achim von Arnim und Clemens Brentano:

„Marienwürmchen setze dich auf meine Hand,
ich tu dir nichts zu Leide.
Es soll dir nichts zu Leid geschehn,
will nur deine bunten Flügel sehn,
bunte Flügel meine Freude.
Marienwürmchen fliege weg, dein Häuschen
brennt,
die Kinder schrein so sehre.
Die böse Spinne spinnt sie ein, Marienwürmchen,
flieg hinein, deine Kinder schreien sehre.
Marienwürmchen, fliege hin zu Nachbars Kind,
sie tun dir nichts zu Leide.
Es soll dir dort kein Leid geschehn,
sie wollen deine bunten Flügel sehn
und grüß sie alle beide."

Manfred Lieser hat ein „Ganz kleines Herbstlied" verfasst:

„Wo sind die Marienkäfer, die noch gestern
schwärmten?
Und wo sind die Siebenschläfer, die im Garten bei
Frau Schäfer jeden Abend lärmten?
Und wo seid ihr Schmetterlinge,
Grillen, Vögel, Blumen und ihr anderen Dinge?
Wollt ihr, dass ich besinge Menschen und Blu-
men?“

Franz Christian Hörschläger schrieb „Marienkäfer Allepünktchen“:

„Vor langer Zeit im Käferland,
da lebte ein Marienkäfer,
im Sturme flog er nochhinaus,
als ihm ein Punkt abhanden kam
von seinem roten Käferhaus,
da lachten ihn die andern aus.
So sann er traurig vor sich hin,
entstellt war er ein ganzes Leben,
er ließ das kleine Köpfchen hängen
und hatte nur noch eins im Sinn,
wie es ihm wohl gelänge,
dass er sein Pünktchen wiederfände.
Da kam zu seinem großen Glück
ein alter Käfer hergeflogen
und hatte Mitleid mit dem Kind.
Er löste das begehrte Stück
von seinem Rücken ganz geschwind
und schenkte es dem Käferkind.
Ich bin schon alt und meinen Stolz,

den brauche ich schon lang nicht mehr.
Da regt sich Freude in dem Kleinen,
geschnitzt war er aus weichem Holz
und fing vor Rührung an zu weinen,
dann flog er glücklich zu den Seinen."

Aus Gabriela Bredehorns siebenteiligem Gedicht „Der Marienkäfer" bringen wir hier nur die beiden ersten Teile:

„Sechs Kribbel-Krabbel-Beinchen
holpern über spitze Steinchen.
Der Körper ist rot, mit Punkten verziert,
die große Welt wird ausprobiert.
Er ist bewaffnet mit Stock und Hut,
huch, wie steht ihm das doch gut!
So wandert er durch Berg und Tal
und manche Wege sind recht schmal."

Abenteuer mit Marienkäfern

Wir schildern im Folgenden, werte Leserschaft, einige Abenteuer, welche von interessierten, kenntnisreichen Leuten und anderen Naturfreunden mit Marienkäfern erlebt wurden. Der Autor selbst ist nicht unter ihnen, obwohl er mit dem Fotografieren und Beobachten Cokkis viele Stunden und Geduldsproben bestanden hat: Bei Wind und Wetter, Sturm und Hagel, Blitz und Donner, Sonnen- und Mondschein, Tag und Nacht und anderen möglichen und unmöglichen Stunden, Tagen, Wochen und Monaten. Aus der Erinnerung von mehr als siebzig Jahren sind ihm „Zentner von Sympathien“ für alle Marienkäfer zugewachsen. Hier also jene Abenteuer, die andere Mitmenschen in Sachen „Marienkäfer“ erlebt und ihm zugetragen haben.

* * * * * *

Ein Irrtum. Wolfgang Stapenhorst aus Osnabrück war ein alter Terrarianer, der glaubte, ihm könne niemand mehr in diesem Fach etwas vormachen. Er hielt in seinem Zwei-Quadratmeter-Käfig das Smaragdeidechsen-Ehepaar „Eduard und Kunigunde“. Diese stammten nicht aus der freien Natur, etwa aus Italien oder Spanien, - was ja auch nicht mehr erlaubt war -, sondern aus einer privaten Zucht. So kannten beide Tiere nicht eine Spur von freier Wildbahn – außer derjenigen, die Wolfgang ihnen eingerichtet hatte: trockener Sandboden, ein paar Felssteine, ein kleines Gewässer, Heidekraut, Binsen und Geäst zum Ruhen und Sonnen. Eduard und Kunigunde lohnten Wolfgangs Mühen und paarten sich. Kunigunde legte ihre weißlichen Eier instinktiv richtig in den warmen Sand des Bodens. Aber bisher waren aus ihnen keine jungen Eidechsen gekrochen.

Nun entdeckte der Terrarianer an den natürlichen Pflanzen eine Anzahl von Blattläusen. Wer weiß, dachte er, wie sie hereingekommen sind? Und er dachte sogleich an Coccinella septempunctata, den allbekannten Marienkäfer. Schnell waren im Garten zwei Exemplare gefangen und ins Terrarium gesetzt. Eduard und Kunigunde waren es gewohnt, mit Lebendfutter der Saison versorgt zu werden: kleine Heuhüpfer, große Heuschrecken, im Mai Mai- und im Juni Junikäfer, Kartoffelkäfer, Raupen schädlicher Schmetterlinge, Kleidermotten, Stubenfliegen, Brummer und Bremsen. Marienkäfer kannten sie nicht, niemand verfütterte diese ja! Eduard betrachtete diese beiden Neulinge interessiert und schnappte sich den ersten rotschwarzen Käfer, der seinem Mundwerk zu nahe gekommen war. Doch kaum hatte er zugebissen und den armen Käfer damit tot gequetscht, da spuckte er ihn schon wieder aus und leckte sich angewidert seine Mundwinkel. Wolfgang sah die am Leichnam ausgetretenen gelben Tropfen und wusste augenblicklich Bescheid.

Inzwischen hatte sich Kunigunde den anderen Käfer vorgenommen und die gleiche Erfahrung wie Eduard gemacht. Diese Beobachtung regte Wolfgang an, das Experiment zu wiederholen, und weitere zwei Marienkäfer wurden eingefangen und ins Terrarium gesetzt. Voller Spannung schaute Wolfgang zu, wie ihnen nichts passierte und sie sogar die beiden Eidechsen vom Schwanz bis zum Kopf bekrabbeln konnten. Diese hatten also eine unangenehme Erfahrung verwertet und in ihren Hirnen abgespeichert. Die beiden Marienkäfer, durch vier weitere Kollegen verstärkt, räumten so unter den Blattläusen auf, dass sie alle ausgerottet wurden und die munteren Käfer in Freiheit entlassen werden konnten.

* * * * * *

Marienkäfer im Gewächshaus. Hobbygärtner Fritz aus Hamm war es bisher gelungen, sein nettes Hobby-Gewächshaus von zehn Quadratmeter Größe von Blattläusen freizuhalten, ohne zur Spritze greifen zu müssen. Doch schwangere Blattlausmütter können fliegen oder unter Türen durchkriechen. Oder irgendwie anders müssen einige von ihnen eine undichte Stelle in der Anlage entdeckt haben. Jedenfalls waren Salat, Kartoffelpflanzen, Tomatensträucher, Tulpen und andere Blumen plötzlich dicht an dicht befallen. Die Gartenameisen hatten das bereits spitz gekriegt und waren dabei, die dicksten und fettesten Blattläuse zu melken – das heißt, ihre Hinterteile abzulecken.

Nachdem Fritz sich das eine Weile ärgerlich angesehen hatte, fing er sich aus der freien Natur nebenan an einem Vormittag zwei Siebenpunkt- und drei Zweipunktkäfer, die aber partout hier nicht tätig werden wollten und immerzu gegen die große helle Fensterscheibe flogen – also wurden sie entlassen. Da blieb Fritz nichts anderes übrig, als von einem Versender ein Dutzend exotische Marienkäfer nebst deren Larven kommen zu lassen, die auch unter dem Namen „Blattlauslöwen“ bekannt waren.

Diese, vielleicht in dem Gefühl, endlich freigekommen zu sein, richteten unter den Blattläusen ein Gemetzel an, das in vielen Erzählungen und Augenzeugenberichten in die Gartengeschichte des Fritz eingegangen ist. Weil es noch früh im Jahr war, gab es dann im Gewächshaus noch eine weitere Generation von Marienkäfern. Und weil Fritz im Gewächshaus für gute Verstecke zur Überwinterung der erwachsenen Käfer sorgte, hatte er auch in der nächsten Saison genug sechsbeinige Helfer gegen die erneut eingedrungenen Blattläuse zur Verfügung.

* * * * * *

Der Masseneinsatz. Auch dieser dritte Augenzeugenbericht handelt vom Zusammenspiel Marienkäfer gegen Blattläuse. Dieses Zusammenspiel geschah vor Jahren, als bekannt wurde, dass an der Ostsee eine unerhörte Marienkäfer-Invasion stattfand. Gleichzeitig, zweihundert Kilometer weiter südlich, gab es eine Blattlaus-Invasion beim Schrebergarten-Verein „Grüne Lunge“. „Manche Stängel und Zweige“, berichtete der Erste Vorsitzende Fred der örtlichen Presse, „besonders der Holunderbäume, sind vollständig und lückenlos von blauen, grünen, weißlichen und durchsichtigen Blattläusen jeder Größe besetzt.“ Sträucher der Johannes- und Stachelbeeren, berichtet Fred weiter, kränkelten bereits, der Salat schrumpfte, Schnittlauch welkte und sogar die Petersilie, sonst von Schädlingen wenig befallen, ließ die Köpfe hängen.

Der Vorsitzende Fred und sein Schriftführer Klaus beschlossen, sich das Phänomen der Massen-Invasion von roten Käfern nicht nur in der Nähe anzusehen, sondern auch ein paar Tausend dieser probaten und kostenlosen Blattlausjäger mit nach Hause zu nehmen. Aus Gründen, die ihnen nicht geläufig waren, wussten sie nicht, warum in ihrer Gartenkolonie dieses Jahr so wenig Marienkäfer anzutreffen waren. „Der Südwind hat sie alle zur Küste getragen“, wussten einige Schlauberger, „dort werden sie alle in der See erbärmlich ertrinken.“ Das mochte sogar stimmen. Aber gar keine Käfer hier daheim, war die folgende Logik, würde die chemische Keule gegen die Blattläuse bedeuten, und die wollte man nicht.

Beim Anblick der örtlichen Käfer-Invasion waren Fred und Klaus wie vor den Kopf geschlagen: Abertausende, nein Abermillionen der Käfer saßen, hockten, krabbelten und flogen herum, dass die beiden Reisenden bald ganz bedeckt waren. Auf Fensterbänken, Sitzbänken, parkenden und fahrenden Autos, in Häusern, auf Bürgersteigen, in Bäumen, auf Pferden und Kühen in den Grasweiden. Nur über Blattläuse machten sie sich nicht her – es gab keine mehr!

Viele Bürger waren gesetzwidrig mit Kehrblech und Handbesen unterwegs und schaufelten die Käfer in die Biotonnen. Fred und Klaus kauften sich solche Kehrbleche nebst Handbesen, dazu Papiersäcke und Pappkartons und schaufelten mit. Sie ließen sich in Arbeitspausen von Experten, welche ihre Initiative begrüßten, das Naturereignis erklären. Keiner wusste wirklich und genau Bescheid: Ob Übervermehrung der Käfer, Überangebot der Nahrung, keine Fressfeinde mehr oder der ablandige oder anlandige Wind, der Käfer aus weiten Gegenden hergeweht hatte?

Wie viel Käfer haben Fred und Klaus schließlich in Säcken, Tüten und Kartons zusammen- und heimgebracht? Sie wussten es nicht und kamen nicht auf die Idee, sie abzuwiegen. Jetzt nichts wie ab nach Hause! Weil sie gehört zu haben glaubten, dass Marienkäfer nachts nicht fliegen, setzten sie, heimgekommen, diese erst nach Sonnenuntergang an verschiedenen Stellen der Gartenanlage aus. Bis zum anderen Morgen hatten sich die Käfer jedoch über die ganze Anlage ausgebreitet und unter den Blattläusen gehörig aufgeräumt. Noch war auch die Jahreszeit günstig, sich zu vermehren. Wenn die Weibchen zu spät, etwa im Oktober noch, Eier ablegen, schlüpfen daraus keine Larven mehr und eine Generation geht verloren. Im nächsten Jahr gab es hier mehr Marienkäfer als anderswo weit und breit. Und einige clevere Garten- und Blumenbesitzer folgten dem Beispiel Freds und Klaus‘ und fuhren schnurstracks zur Ostsee, wo die Invasion sich aufzulösen begann.

„Jede Sache“, sagt der Volksmund, „hat zwei Seiten: ‚Wat den einen sien Uhl is, is den annern sien Nachtigall!“

Beginn einer Biografie

Diese jetzt folgende Lebensgeschichte des Marienkäfers Cokki ist natürlich nicht wie andere Biografien geschrieben worden. Denn normalerweise ist es doch so, dass der Held einer Biografie ein ganzes Leben lang in irgendeiner Art und Weise verfolgt, beschrieben, diskutiert, aufgezeichnet und gedruckt wurde. Doch, werte Leserschaft, bedenke wohl: Wer von uns könnte das Leben eines Marienkäfers in freier Natur Tage, Wochen, Monate und länger als ein Jahr mitverfolgen! Und welcher Autor hat Nerven, Zeit und Humor, einen solchen Winzling von Käfer, auch wenn er auffallend gezeichnet ist, unter anderen Artgenossen, die gleichzeitig zu sehen sind, zu unterscheiden und im Flug zu verfolgen? Rein wissenschaftlich gesehen gleicht kein Marienkäfer dem anderen, so wie es ja allen Lebewesen ergeht und sogar bei Sandkörnern sein soll. Ein Marienkäfer-Biograf kann nur viel und lange draußen sein, muss seine Augen offen halten und viele Käfer beobachten, ehe er sich ans Schriftliche wagen kann. So und nichts anders ist es dem Autor dann auch ergangen!

* * * * * *

Ein Tag im Vorsommer. Die Tage sind nun viele Stunden länger als im Dezember und natürlich wärmer, als man sich im Winter wünschen mochte. Die jährliche menschliche Sehnsucht nach Wiedergeburt und Auferstehung findet nicht in einer Religion Erfüllung, sondern im Rhythmus der Jahreszeiten.

Es ist Mitte Juni geworden. Dieser Monat vollendet, was der Vormonat offen gelassen hat. Überall, - wie in diesem häuslichen Garten, in dem wir uns befinden -, geschehen seit Beginn des Frühjahres jene Wunder, die zum Alltäglichen dieser Welt gehören: Neues Leben entsteht, altes geht zugrunde. Auf jedem kleinen Stück Erde, hier auf einer Pflanze, dort im gebauten Nest, unterm Gartenboden und im Wasser des Teiches nebenan. Elterntiere sind pausenlos unterwegs, um ihren Nachwuchs satt zu bekommen: Singvögel, Mäuse, der Gartenigel, die Ringeltauben in der Edeltanne. Jemanden zu sättigen heißt in der Natur stets, - das ist eine Regel der Evolution -, einen anderen zu schädigen. Was Elternvögel ihren Kindern in die Schnäbel stopfen, haben sie anderswo geraubt. Zum Beispiel: Wohlgefällig schaut der Gärtner zu, wie der Star die fetten Raupen des Kohlweißlings aufnimmt und zu seinen Kindern ins Nest trägt; die Singdrossel klopft auf Steinen kleine Schneckenhäuser auf und verfüttert die nun nackten Schnecken an ihre Jungen; und der Maulwurf, welcher Drahtwürmer und Engerlinge, des Gärtners Todfeinde nämlich, unterirdisch verfolgt, um seinen ewig rumorenden Magen zu füllen.

Das Wetter der letzten Tage hat diejenigen Lebewesen begünstigt, die von ihm abhängig sind, ohne selbst aktiv werden zu können. Es ist sozusagen die richtige Betriebstemperatur entstanden, unter der das Leben zu explodieren pflegt. Der Rote Fingerhut, im Halbschatten des Gartens gedeihend, ist dabei, seine prächtigen Blüten zu entfalten und wiegt sich im leichten, schon sommerlichen Wind hin und her. Hummeln warten nur darauf, in die rosa Blüten einfliegen zu können, wo sie den begehrten Nektar finden können. Eines der zahlreichen frischen Blätter des Fingerhuts ist auffälliger als die anderen, denn auf seiner leicht behaarten Oberfläche klebt etwas Braunes, das nicht leblos und Teil der Pflanze zu sein scheint. Denn ganz deutlich ist aus der Nähe zu erkennen, dass es von irgendjemand dorthin geklebt worden ist. Der Forscherblick durch die Lupe verrät es: Hier lebt ein Tier! Bewegt es sich gar oder täuscht der Wind Leben vor?

Nein, es ist Leben da! Denn plötzlich entsteht wie von selbst oder unsichtbaren Kräften getrieben ein haarfeiner Längsriss in dem Gebilde. Beginnend in der Mitte setzt er sich weiter fort und erweitert sich. Das Gebilde also öffnet sich. Nun wird dem Beobachter klar, dass es ein Gefängnis ist, bildlich gesprochen, und ein Gefangener daran arbeitet, in die Freiheit zu gelangen. Als der Riss so weit fortgeschritten ist, dass man seinen Inhalt erkennen kann, sieht man ein krabbelndes Etwas, das mit den Beinen strampelt und sich verzweifelt abmüht, der Umklammerung zu entgehen. Blass gefärbte Flügeldecken drücken und stemmen, die Fühler fühlen schon ins Leere und plötzlich, nach einer enormen Kraftanstrengung, verlässt ein kleines Tier, ein Insekt natürlich, sein Gefängnis: Ein Käfer erblickt das Licht der Welt – Cokki erblickt das Licht der Welt!

* * * * * *

Auf seine Art freilich. Und niemand von uns weiß genau, wie das vor sich geht. Blendet ihn das Licht nach vierzehntägiger Dunkelhaft als Puppe? Sieht er mehr Licht als Schatten? Ein jäher Windstoß schüttelt nun den Roten Fingerhut, Cokkis Sitzblatt schaukelt lange nach, als die Pflanze schon wieder still steht. Aber der kleine Käfer hockt inmitten der Reste seines Verließes, rührt sich nicht vom Fleck und scheint genau zu wissen, dass Festkrallen und beharrliches Halten hier lebenswichtig sind. Nur wer intensiv hinschaut erkennt das pulsierende Leben: Die Schwenks der Fühler, das Anheben und Versetzen eines Beinchens, die Pumpbewegungen des Körpers, das Zittern der Flügeldecken.

Diese Wartezeit vor dem endgültigen Eintritt ins Leben, welche uns das kleine Wesen präsentiert, bedeutet nicht mangelnde Kraft oder Furcht vor lauernder Gefahr, es ist unumgänglich notwendig, wenn das Werk gelingen soll. Ein frischer Käfer ist weich wie Butter, noch nicht durchblutet und ausgefärbt, und wenn er jetzt beunruhigt oder grob gestört wird, hätte das Folgen für sein späteres Aussehen.

Die über den Rückenschild gemessene Länge des Käfers beträgt acht Millimeter, er selbst bildet ja eine ebenförmige Halbkugel mit glattem Untergrund. Erinnern wir uns daran, dass er ja Namensgeber eines einst weltbekannten, viel verkauften Automobils ist. Jetzt, wo die Ausfärbung stete Fortschritte macht, sind in der Aufsicht alle Anlagen seines endgültigen Aussehens zu erkennen: Auf dem schwarzen Halsschild befinden sich zwei weiße Stirnflecken und zwei fast dreieckige auf den Ansätzen der Flügeldecken. Diese Flügeldecken verändern sich nun immer mehr nach Rot hin, sie tragen in der Nahtwurzel einen gemeinsamen schwarzen Punkt. Und auf den Flügeldecken selbst befinden sich in symmetrischer Anordnung je drei weitere, immer mehr sich ausbildende dunkle Punkte.

Also trägt dieser kleine, nette und niedliche Käfer genau sieben Punkte – und heißt demnach „Siebenpunkt“. Im schwarzen Kopf fallen die Augen kaum auf. Schwarz sind auch Fühler und Beine, sechs an der Zahl, wie es bei jedem ordentlichen Käfer üblich ist. Sie sind bei aller Zierlichkeit und Zerbrechlichkeit stark genug, den Körper zu tragen und flink fortzubewegen. Die Namen

Siebenpunkt und Septempunctata sind nur dann eindeutig und erklärend, solange der Käfer in dieser Phase, - wir erwähnten das schon -, nicht gestört wird. In Laborversuchen hat man schlüpfende Marienkäfer ganz absichtlich grob gestört, ja belästigt, dass die unwahrscheinlichsten Farb- und Mustervarianten herausgekommen sind: Die Käfer sind einfarbig gelb, orange oder weißlich geblieben, mit und ohne Punkte und jeder Laie hätte sie für eigene Arten gehalten. Erinnern wir uns noch einmal: Die rotschwarze Färbung ist nicht nur eine Warnung, sondern auch eine Tarnung. Fällt sie fort und der Käfer muss mit „weiß" ins Leben gehen, dauert dieses nicht lange.

* * * * * *

Werfen wir, ehe wir uns dem Helden unserer Geschichte noch weiter nähern, ein paar Blicke in den Lebensraum, in den seine Mutter ihn setzte: ein wohlgepflegter Garten. Da ist zu hoffen, dass seine Besitzer nicht nur ordentliche, sondern auch kenntnisreiche Leute sind. Ein echtes Biotop für kleine und mittelgroße Tiere ist dieser Garten, der natürlich auch wirtschaftlich genutzt wird und den Sommer über bis in den Winter hinein, - durch den Anbau von Grünkohl zum Beispiel -, Vitamine und schmackhaftes Gemüse und Obst für die Besitzerfamilie zu liefern hat. Man kann, ist man hier der Meinung, durchaus Nützliches mit Notwendigem verbinden, ohne die Belange der Mitbewohner des Gartens zu schmälern.

Wir listen hier in alphabetischer Reihenfolge die wichtigsten Mitbewohner Cokkis in diesem Garten auf: Ameisen, Bienen, Dorngrasmücken, Erdkröten, Fliegenschnäpper, Girlitz, Hasen, Igel, Kaninchen, Libellen, Mäuse, Nager, Ortolan, Rotkehlchen, Spatzen, Teichrohrsänger, Unken, Wasserfrosch und Zaunkönig. Einige dieser Vertreter einer freilebenden Tierwelt können Cokki durchaus gefährlich werden: Auch in einem natürlich gestalteten Lebensraum gilt das Gesetz „Essen und gegessen werden".

Wenden wir uns nun wieder Cokki zu, für den der Ernst des Lebens begonnen hat. Schon nahen die ersten Störungen, über deren Charakter oder Gefahren sich Cokki nicht klar sein kann: Das Männchen der Dorngrasmücke, ein gern gesehener und gehörter Gartengast, landet am Roten Fingerhut und schmettert sein Liedchen ins Brutrevier, das natürlich „hier bin ich der Chef" heißen soll. Nach ein paar Strophen, die von keinem Rivalen beantwortet werden, schaut es in die Runde, entdeckt Cokki, der dabei ist, seine Flügel probeweise zu entfalten, und wetzt den Schnabel am Stängel der Pflanze. Dann singt es eine neue Strophe, die der vorigen in allen Noten und Tonlagen gleicht.

Neben Cokki sind nun noch ein paar andere Marienkäfer gelandet, die von ihm allerdings nicht bemerkt werden. Ist Cokki, sind die anderen Käfer nicht eine Beute dieses munteren Singvogels? Prinzipiell ja. Nämlich dann, wenn diese Grasmücke unerfahren im Beurteilen einer Beute ist oder wenn Cokki von ihr schon im früheren Stadium seiner Verwandlung von der Puppe zum Käfer entdeckt worden wäre. Dies muss wohl noch einmal näher erklärt werden: Wird ein Marienkäfer belästigt, gepackt oder angepickt, dann lässt er aus seinem Körper einige gelblichrote Blutstropfen austreten. Diese duften unangenehm und besitzen einen unheimlich bitteren und ätzenden Geschmack. Natürlich müssen Cokkis Fressfeinde diese Erfahrung erst machen. Und diese führt in den meisten Fällen dazu, dass sie das nächste Mal eine Beute, die rotschwarz aussieht, nicht mehr ins Maul oder in den Schnabel nehmen. So wird immer eine gewisse Anzahl von Marienkäfern ihr Leben lassen müssen, damit ihre Fressfeinde lernen. Wird Cokki zu ihnen gehören?

Das raffinierte Abwehrmittel der Marienkäfer soll kurz erklärt werden. Es handelt sich um das giftige Alkaloid Coccinellin, das auch Wehrsekret genannt wird und aus Körperdrüsen an verschiedenen Stellen ausgestoßen werden kann. Ein Lexikon stellt diesen Vorgang wissenschaftlich dar:
„Die Marienkäfer scheiden zu ihrer Verteidigung eine Reihe strukturell verwandter Alkaloide aus, die das gleiche trizyklische Grundgerüst auswei-

sen. Davon sind Coccinellin, Precoccinellin und Myrrhin bilateral-symmetrisch..."
Gleichzeitig mit dem Ausscheiden des Giftes wenden die Käfer den Trick des Totstellens an, genannt Thanatose. Dabei fallen sie vom Strauch oder Blatt und sind im pflanzlichen Gewirr vom Fressfeind kaum noch aufzufinden.

* * * * * *

Kehren wir zur Dorngrasmücke (*Sylvia communis*) zurück. Diese scheint also Bescheid zu wissen, rotschwarze Beutetiere in Ruhe zu lassen und so lässt sie jetzt auch Cokki und seine Kollegen in Ruhe. Seine Farben glänzen und leuchten jetzt im Sonnenlicht und bilden einen wirksamen Kontrast zur grünen Umgebung. Die Fühler, deren Technik uns Menschen wie ein Wunderwerk erscheint, kreisen rundum und tasten offenbar die Umgebung ab. Dabei gehen sie in alle Richtungen und informieren uns darüber, dass sie die wichtigste Informationsquelle des Käfers sind. Jetzt heben die Beine zum ersten Mal den Körper vom Boden ab, schieben ihn, noch unbeholfen wirkend, über das Blatt des Fingerhuts hin und her. In Trippelschritten, Kreise, Bögen und Stopps dazwischen, grad wie ein Menschenkind bei seinen ersten Gehübungen. Hier werden sozusagen die Gänge erprobt. Dann aufgeregtes „Trillern" der Fühler, Probeaufklappen der Deckflügel, Ausfahren und Strecken

der echten, ganz durchsichtigen „richtigen“ Flügel – ganz klar, Cokki ist ein fertiger Käfer geworden, dem der erste Flug ansteht. Wie sagen wir Menschen manchmal:
„Nur Fliegen ist schöner!“
Über die nun auch beginnenden und lauernden Gefahren kann Cokki nichts wissen. Sie werden ihn, diese Gefahren auf Schritt und Tritt, bei jedem Gekrabbel und Fliegen, beim Essen, Ruhen und bei der Arterhaltung begleiten.

Nachdem Cokki die ersten Zentimeter seines Lebens gelaufen, gerannt und getrippelt ist, erwacht sein Temperament zur vollen Entfaltung. Was treibt, kann man sich fragen, alle Neugeburten auf unserem Planeten an? Zwei Wörter genügen zur Antwort: „der Hunger“. Bei allem Tun und Lassen, dem Cokki nun ausgesetzt sein wird, muss er darauf bedacht sein, nicht selbst den Hunger anderer Lebewesen zu stillen.

Ehe Cokki hier endgültig abhebt, gewöhnt er sich an den immerzu schwankenden Untergrund, auf dem er sich befindet: Nicht nur der dicke Stängel des Fingerhuts schwankt hin und her, sondern auch das Blatt tanzt auf und nieder. Wie soll man da ordentlich starten? Zumal jetzt in der untersten Etage ein Hase, der den Erbsen im Garten nachstellen möchte, so gegen die Pflanze rennt, dass Cokki, - auch das zum ersten Mal -, erstarrt und zu Boden fällt – dem Hasen auf den wollenen Rücken.

Dieser transportiert ihn aus dem Dickicht heraus auf das Erbsenbeet, wo er sich schüttelt und Cokki von sich schleudert.

Jeder Gärtner weiß, dass Erbsenpflanzen mehr aufwärts streben als andere Gartengewächse, außer Stangenbohnen natürlich, und man ihnen zur Hilfe Holz- oder Metallstangen in den Boden rammt. An eine solche gerät Cokki augenblicklich und weiß, ohne schon Erfahrung gesammelt zu haben, dass er hier hinauf muss. Marienkäfer sind von Geburt an perfekte Klettermaxen, Cokki macht jetzt keine Ausnahme und ist in „Nullkommanix“ oben angekommen. Noch ein unsicheres Hin- und Herwenden auf der Spitze des Stabes, dann klappen alle vier Flügel auseinander und ab geht‘s in die Lüfte – wie man so schön sagt. Eine Gut-Wetter-Windboe erfasst Cokki, schleudert ihn hoch über den Garten empor und drückt ihn zurück zu Boden – er landet ungefähr dort, wo er den Erstflug begonnen hat, nämlich neben den Erbsen auf einem Busch grünen Schnittlauchs.

* * * * * *

Stellen wir hier fest, dass Cokki noch nichts gegessen hat! Bekommt ein Käfer Hunger oder Appetit in unserem Sinn? Wir wissen es nicht. Ist ein Marienkäfer so weit entwickelt, dass er gezielt auf Beutejagd geht? Wir wissen es nicht. Klar ist aber, dass sein Appetit erwacht, wenn ihm sein Essen mundgerecht dargeboten wird. Das ist jetzt der Fall. Denn einige Halme des Schnittlauchs sind rundum mit blauen Blattläusen besetzt, an denen sich ein Verwandter Cokkis, noch im Larvenstadium, schon herangemacht hat. Eine Begrüßung findet natürlich nicht statt. Cokkis erste Mahlzeit scheint delikat zu sein. Denn es dauert nur eine Minute, dass er eine Junglaus gegriffen und aufgegessen hat, und schon packt er sich die nächste. Hier kann man beobachten, wenn man Geduld und eine Lupe mitgebracht hat, dass die Blattläuse keinerlei Begriff von Gefahr entwickelt haben. Sie halten enge Tuchfühlung und wo ein Kamerad verschwindet, rücken sie zusammen. Zwar scheint sich das angebissene Wesen solange wie möglich mit Strampeln zu wehren, aber, - wir wissen es von anderen „Raubtieren“ -, wen diese einmal gepackt haben, den lassen sie nicht mehr los.

Nach dem Genuss von fünfzehn Blattläusen in drei Minuten legt Cokki eine Pause ein. Seine Larven-Verwandte ist verfressener und macht ihrem Namen „Blattlauslöwe“ alle Ehre, bis beide einhalten und wie ermüdet an einem Halm „kleben“ bleiben. Zur gleichen Zeit erinnert sich die Köchin im angrenzenden Haus daran, dass sie noch Schnittlauch für den „süßen Quark“ zum Abendessen benötigt. Ab in den Garten! Weil sie lieb zu allen Tieren des Alphabeths von Amsel bis Zebra ist, entgeht ihr der neue Garten-Erdenbürger Cokki nicht. Sie setzt ihn vom Schnittlauch zur

Petersilie und rupft dann jene Schnittlauchhalme aus, die von Läusen befallen sind. Diese werden auf dem Gartenweg unter derben Schuhen zu Brei getreten. Diese derben Stiefel hüten sich nun, Cokki, der über den Weg geht um auf der anderen Seite erneut die Erbsen zu erklettern, zu erwischen. Die Köchin nimmt Cokki auf, lässt ihn die empor gehaltene Hand erklettern, wo Cokki den Mittelfinger als Startplatz bevorzugt.

„Nimm mich mit, Käferlein, auf die Reise, nimm mich mit in die weite weite Welt..“

Ja, Köchinnen, welche Käfer besingen, können nur gute Menschen sein…

Cokki macht seinen ersten großen Flug von einer Minute Dauer, dessen Start- und Zielpunkt identisch sind: Er landet wieder im besagten Garten. Diesmal im Johannesbeerstrauch, der bereits mit noch unreifen Beeren bestückt ist. Ein Amselweibchen, immer auf der Suche nach Essbarem für seine Brut, hält unseren roten Cokki für eine frühreife Beere und hüpft vom nächsten Ast auf ihn zu. Dieser beweist durch sein sofortiges Verhalten, dass er nicht nur aufs Lernen angewiesen ist, sondern dass ihm eine äußerst sinnvolle Evolution eine sehr nützliche Reaktion angeboren hat: Die Erschütterung des Astes reicht aus, dass Cokki alle Beine an sich zieht und, plumps, wie ein Stein nach unten fällt. Ins Gewirr eines stark bewachsenen Gartens, und die Amsel kommt nicht auf die Idee, ihm zu folgen.

Für Cokki ist also seine erste Anwendung des Tricks die Lebensrettung. Und er wird genötigt, ihn sogleich ein zweites Mal anzuwenden. Denn als er sich auf dem Erdboden aus seiner Starre aufrappelt, sieht er einen, direkt vor ihm aus dem Boden wachsend, relativ dicken Stamm. Einen halben Meter hoch ist der von Ranken wie Lianen aussehend umwickelt, und als Cokki diesen halben Meter aufsteigend hinter sich gebracht hat, fasst ihn wieder das helle Sonnen- und Tageslicht. Flink klettert er weiter, bis er die Spitze des Stammes erreicht hat: So befindet er sich doch tatsächlich am Ende einer Bohnenstange, an der, so der Wille des Gärtners, bis zum Spätsommer Stangenbohnen sich hochgerankt haben werden.

Kaum hat Cokki sich orientiert, da wirft ihn der landende Feld- und Gartenspatz Jakob infolge des letzten Flügelschlages wieder nach unten. Das ist gut so, denn Jakob gilt als unersättlicher Fresser aller Kleintiere des Gartens und fleißigster Fütterer seiner Jungen in der Nistzeit. Er hätte Cokki sicherlich in den Schnabel genommen und ins Nest getragen. Jetzt hockt er oben auf der Spitze der Bohnenstange, denn auch er hat einen Trick entwickelt: Vorüber fliegende Insekten wie heute Junikäfer, Rosenkäfer, Schildkäfer, Wiesenschnaken, Skorpionsfliegen und kleine Motten oder Schmetterlinge von hinten zu verfolgen und im Schnabel, ohne sie selbst aufzuessen, seinen Jungen zu bringen.

Statt Cokki bekommt Jakob jetzt ein halb erwachsenes Grünes Heupferd serviert, das die Bohnenstange emporsteigt und von Jakob sofort empfangen wird. Dieser weiß solche dicken Brocken passend zu behandeln. Im kräftigen kurzen Schnabel dreht er das Heupferd so lange hin und her, bis die unverdaulichen Flügel und langen sperrigen Hinterbeine abfallen. Dann schluckt er den weichen Hinterleib und spuckt die harten Teile des Vorderteils wieder aus – das arme Insekt lebt freilich weiter, bis es ganz im Inneren Jakobs verschwunden ist.

* * * * * *

Derweil Cokki sich unten auf der Erde aufzurappeln versucht. Er liegt in einem Gewirr von Ranken, Gräsern, welkem Laub und frischem Efeu. Und nachdem er aus seiner Starre wieder erwacht ist, beginnt er unverzüglich und unermüdlich dem erneuten Aufstieg ans Licht. Irrwege überall: Hier auf ein Blatt abgebogen, dort den falschen Stiel erreicht, waagerechte Gänge, Laufen auf- und abwärts. Eine Fünfzigzentimeter-Pflanze ist für Cokki wie für uns ein Hochhaus, Sackgassen gibt es, Umleitungen und Labyrinthe. Zum Beispiel wo Cokki jetzt hineingerät: Direkt in die Blüte des Roten Fingerhuts, eine Pflanze, die er ja bereits kennengelernt hat. Das ist ein klebriges und stickiges Umfeld, aber als er kehrtmachen will, versperrt ihm eine einfliegende Hummel den Ausgang. Unter ihrem lauten Gebrumm rutscht Cokki unter ihr durch und lässt sich in Starre nach unten fallen.

Also wieder ein Aufstieg! Da überläuft ihn ein riesiger schwarzer Gartenlaufkäfer (*Carabus hortensis*) auf der Suche nach fetten Raupen, die zu seinen Leibspeisen gehören. Cokki ignoriert ihn, denn mächtig ist sein Drang gestiegen, sich aus eigener Kraft in den blauen Himmel zu erheben. Der Weg dazu führt jetzt über einen tragfähigen Grashalm, der sich an eine Distel lehnt. Quer durch ihr Stachelkleid führt Cokkis Weg unbeirrt nach oben, wo ihre erste rosa Blüte heute erst aufgebrochen ist. Zwischen einer Schwebfliege und einer Hummel zwängt Cokki sich auf den höchsten Punkt, klappt seine Flügel aus und fliegt sofort in gerader Linie davon.

Cokki fliegt! Aus eigener Kraft! Ohne den Wind im Rücken! Die Sonne sorgt für beste Betriebstemperatur, und ohne auf die immer lauernden Gefahren der Luftreise achtzugeben, überholt er anderes fliegendes Getier – denn heute ist Reisewetter! Ein bestimmtes Ziel kennt Cokki natürlich nicht. Alle Kleintiere wie er sind in vielen Situationen dem Zufall und Glück ausgeliefert. Sie sind gar nicht in der Lage, einem An- und Beutegreifer auszuweichen. Doch eigene, unverbrauchte Kraft lässt Cokki jetzt Kreise, Bögen, Kurven und Achten drehen. Auf- und Abwinde verändern seine

Flughöhe, Seitenströmungen drücken ihn nach Back- und Steuerbord.

Zusammenstöße sind hier nicht ausgeschlossen. Da rauscht plötzlich eine Rauchschwalbe (*Hirundo rustico*) an ihm vorbei und streift ihn mit der linken Flügelspitze. Sie gehört zu den „Düsenjägern" des Vogelreichs und kann in einem Rutsch nach Afrika durchfliegen. Die Berührung mit der Flügelspitze trifft Cokki voll und er stürzt ab. Dicht neben einem Grashalm, wie für ihn hingestellt, im Nu hat er ihn erklettert und geht in die Luft. Nachdem er dann wohl fünf Minuten lang seine Kreise gezogen hat und dabei nicht belästigt worden ist, müsste er nach menschlichem Ermessen weit von seiner Startgegend entfernt wieder zu Boden kommen; Marienkäfer „reisen ja nicht". Ein Irrtum! Denn er landet nun wieder in seinem Heimat- und Geburtsgarten. Dennoch wollen wir, werte Leserschaft, positiv urteilen: „Nicht schlecht!"

Cokki ist auf einer Kartoffelpflanze gelandet, die in Blüte steht und viele Bienen anlockt. Cokki klammert sich an einem Blatt fest und lässt sich von der milden Spätnachmittagssonne bescheinen – heißen unsere Marienkäfer nicht auch „Sonnenkälbchen"! Weil Marienkäfer durchaus gesellig sein können, - „sie kriechen ja im Winterschlag eng zusammen" -, ist Cokki auf seinem Sonnenplatz nicht lange allein. Wir bemerken hier nur nebenbei, dass wir bis jetzt nicht wissen, ob Cokki ein Männchen oder Weibchen ist - dieses Rätsel muss bald gelöst werden!

* * * * * *

Kein Marienkäfer kann lange untätig bleiben, wenn die Lebensumstände günstig sind. Und wenn der Appetit sich zu regen beginnt. Cokki hat bisher seiner Ernährung wenig Aufmerksamkeit gewidmet. Ein Schwarm Spatzen, bestehend aus diesjährigen bereits flüggen Jungen zweier Familien und den Altvögeln, fällt nun lärmend in das Kartoffelbeet ein, um Jagd auf die roten und rosa Larven des Kartoffelkäfers zu machen. Sie sind weiche und zarte Happen ohne Stacheln und Dornen und für Jungvögel besonders geeignet. Ehe die Spatzen Cokki entdeckt haben können, ist er in den nächsten Busch geflogen, in dem ein Zweimeterbaum vom Sommerflieder steht. Dort, im Halbschatten, so dass der Gartenbesitzer es noch nicht bemerkte, haben sich drei Großkolonien von Blattläusen breit gemacht und damit andere Marienkäfer, deren Larven und die Larven der Florfliege oder Goldauge (*Chrysoperia carnea*) angelockt. Es ist immer wieder erstaunlich festzustellen, wie auch winzige Fressfeinde mit einer konsequenten Sicherheit Stellen finden, wo leicht Beute zu machen ist.

Bleiben Blattläuse in ihrem zerstörerischen Tun ausnahmsweise vom Gärtner einmal längere Tage unentdeckt, können sie sich, wie man so schön sagt, in Sachen Familienpolitik richtig austoben. Das ist hier im Sommerflieder auf drei Ästen geschehen und dauert noch an. Zwischen dickbäuchigen, prall gefüllten Blattlaus-Mamas, die nichts anderes tun Pflanzensaft saugen und Junge an die Halme, Äste und Zweige zu setzen, gibt es fest geschlossene, die gesamte Sitzgelegenheit umfassende Kolonien der Nachkommenschaft - da ist auch kein Stehplatz mehr zu bekommen. Man sieht es Teilen der Pflanze bereits an, dass sie zur Ader gelassen wird. Nicht lange mehr, und ihr Wachstum wird so beeinträchtigt, dass der Gartenbesitzer aufmerksam wird.

Hier ist so viel Beute zu machen, dass sich mehrere, sonst selten anzutreffende Marienkäfer eingefunden haben: rote mit zwei schwarzen Punkten, schwarze mit zwei roten Punkten, orangefarbene, gelbe, Winzlinge mit 24 Punkten, schwarze mit vier roten Punkten, gelbschwarze und größere mit einer Art von Schachbrettmuster und längliche Formen mit 13 Punkten. An vielen Blättern des Baumes, sowohl ober- als auch unterhalb, kleben Gruppen von gelben Eiern. Hier haben die Weibchen der verschiedenen Arten von Marienkäfern ihrem Nachwuchs den gedeckten Tisch geboten. Dass er schon morgen ein gefahrvoller Ort ist, können sie nicht einkalkulieren.

Klar, dass auch Cokki diese prallen Jungläuse zum Fressen gern hat. Wir haben schon dargelegt, dass die Blattläuse nicht in der Lage sind, die Gefahren zu erkennen, die ihnen von Fressfeinden drohen. Umgekehrt müssen wir fragen, ob Cokki in der Lage ist, die Beute vor sich zu sehen und gezielt gegen die fette vorzugehen? Haben seine Fühler hierfür eine bessere Funktion entwickelt als die Augen? Fühler sind zum Tasten da, zum Fühlen natürlich, und Augen sind bei der Tätigkeit des Fressens wohl weniger wichtig. Der Autor hat ein paarmal versucht zu ergründen, ob, zum Beispiel, ein ruhender Marienkäfer die Annäherung eines „schweren Brockens“, wie der Mensch sich ihm darstellt, bemerkt? Er bemerkt ihn einwandfrei! Denn immer, wenn ich mich über ihn beugte oder mit der Kamera möglichst nahe an ihn herankommen wollte, zuckte er zurück, kroch unters Blatt oder ließ sich fallen.

Die erwachsenen Blattläuse, deren Augenpunkte man beim Näherkommen gut erkennen kann, sind durchaus in der Lage, das Nahen eines Marienkäfers, der in ihren Augen ja ein Ungeheuer darstellt, zu erkennen. Weglaufen nützt ihnen wenig. Aber sie strampeln unter Cokkis Zugriff wie eine Maus im Katzenrachen. Für sie ist ein Biss Cokkis in jedem Fall tödlich, denn „beschädigte“ Insekten sind tote Insekten. Bei großem und spontanem Hunger isst Cokki sie „mit Haut und Haar“, dann wird er wählerisch und begnügt sich mit dem Aussaugen. Mancher nachkommender Marienkäfer, der Autor hat‘s beobachtet, täuscht sich in den leeren Hüllen - auch Käfer scheinen lernen zu müssen! Eine große Blattlaus von hinten packen, sie festhalten anbeißen und aussaugen ist für einen hungrigen Cokki das Werk einer Minute.

Forschende Wissenschaftler haben herausgefunden, was ein Marienkäfer oder seine gefräßigen Larven so in einem Durchgang, ehe sie satt und müde werden, verputzen können; ihre Zahlen decken sich mit des Autors Zählungen. Eine Larve kann in ihrer unterschiedlich langen oder kurzen Daseinszeit 400 bis 500 Blattläuse vertilgen. Und der fertige Käfer benötigt zum Überleben in einer Vegetationsperiode 100.000 Blatt- oder Schildläuse. Das alles geschieht, werte Leserschaft, umweltfreundlich „bis zum Gehtnichtmehr“! Ein Giftspritzeneinsatz ist zwar wirkungsvoller und „nachhaltiger“, kennt aber keinen Unterschied zwischen Freund und Feind.

* * * * * *

Auf den Geschmack gekommen und jetzt gegen Ende des Tages gesättigt und ermüdet, beendet Cokki seinen Feldzug gegen die Blattläuse dieses Gartens – dabei vom Gartenbesitzer freundlich beobachtet. Für diesen Naturbeobachter sind die Verluste der Blattläuse in diesem Schmetterlingsbaum kaum zu erkennen. Doch Cokki hat, wie einige Larven und andere Marienkäfer auch, wie ein Drache in der Kolonie gehaust und weder

Blattlausbabys, deren Mamas und Papas und alle Anverwandten geschont. Der Gärtner hat mitzuzählen versucht und kommt auf die Zahl von 32 Blattläusen, die allein Cokki aufgegessen hat.
„Aber selbst eine Kompanie von Marienkäfern“, erklärt sich der Gärtner selbst, „also hundert Stück, können gegen den Befall wirksam nichts ausrichten.“
Noch heute Abend wird er, dieser Gärtner, einen umweltfreundlichen Feldzug gegen diese Blattläuse führen – wir berichten darüber. Die Dämmerung fällt ein, kühler Wind mahnt, dass der Tag zu Ende geht. Schlafen Marienkäfer nachts? Schließen sie ihre winzigen Äuglein dabei? Oder fliegen sie wie Motten und Maikäfer um die vielen Laternen herum, welche die Menschen überall aufgestellt haben? Der Autor hat diese Fragen zu beantworten versucht: Indem er des Nachts, mit einer Taschenlampe bewaffnet, „Schlafplätze“ der Marienkäfer „inspiziert“ hat. Sie schlafen tatsächlich, auch ganz offen in und an Blüten, unter- und oberhalb der Blätter, an Stängel geklammert oder in Baumritzen. Das Licht einer Taschenlampe stört sie nicht, aber eine Erschütterung der Pflanze lässt sie augenblicklich zu Boden fallen.

Intermezzo

Die Vorbereitungen des Gärtners, nennen wir ihn Isidor, nehmen sich recht kriegerisch aus. Zuerst wird ein Wasserschlauch von einer Pumpe zum befallenen Baum gelegt und dieser nach Marienkäfern und deren Larven abgesucht. Hundert von ihnen haben sich innerhalb der Blattlauskolonie und in der Nachbarschaft „zur Ruhe gelegt". Sie werden eingesammelt und umgesiedelt. Dann wird der Hochdruck-Wasserstrahler ausprobiert. Sein Strahl ist so mächtig, dass kein Lebewesen, auch der Mensch nicht, gegen ihn ankommen kann. Wenn das die Blattläuse wüssten oder ahnten!

Werte Leserschaft, du kannst dir denken, was nun abgezogen wird. Wo der Wasserstrahl, gehalten und geführt von Isidor, während ein Helfer mit der Taschenlampe leuchtet, werden die Blattläuse nicht nur geduscht, - was sie von Regenfällen her ja kennen -, sondern mit roher Gewalt in die Luft, in den Himmel, ins nächste Gebüsch oder auf den Gartenboden geschleudert, dass ihnen Hören und Sehen vergeht und die meisten von ihnen „ins Gras beißen müssen" - bildlich-grob gesprochen. Der Schmetterlingsbaum nickt mit allen Zweigen dankbar und wird sich durch erhöhtes Wachstum revanchieren.

Der zweite Tag

Wir verließen Cokki, als er sich am Vorabend zur Nachtruhe im Unkrautgerank nahe dem Komposthaufen einrichtete. Ob ein Marienkäfer ein gutes und nützliches Versteck findet oder nicht, ist ganz und gar dem Zufall überlassen. Auch die finsterste Nacht ist für einen Käfer nicht sicher, weil allerlei große und kleine Beutegreifer unterwegs sind. Noch ehe Cokki am anderen Morgen von der aufsteigenden Sonne geweckt und munter wird, droht ihm allerhöchste Gefahr: Der Garteninhaber rückt nämlich an, um Unkraut zu beseitigen und auf den Komposthaufen zu werfen. Da fahren Hacke und Spaten rücksichtslos in den Erdboden, roden und mähen die Pflanzen, die, zusammen mit Cokki, auf einen Haufen geschichtet werden. Doch ehe derbe Stiefel das Ganze festgetreten haben, ist Cokki losgekrabbelt, erreicht die Umfassungsmauer und klettert behände und flott am nächsten Pfahl empor. Nur nichts wie weg von hier, nicht lange verhoffen (abwarten), sondern starten und fortfliegen!

Ein kurzer Flug nur zur nahen Teerstraße, dessen warmen Aufwind Cokki spürt und der ihn zur Landung veranlasst. Einen gefährlicheren Ort hätte er nicht finden können! Aber diesen jetzt als solchen zu erkennen, ist für einen Marienkäfer unmöglich. Auch wenn es für unser menschliches Auge Warnzeichen genug gibt, dass unzählige Passanten in den letzten Tagen und Nächten die Straßenquerung nicht geschafft haben: Insekten,

Schnecken, Mäuse, Frösche, Kröten, Unken, Regenwürmer, sogar Eidechsen wurden plattgefahren und kleben noch auf der Straße! Cokki ist bereits in der Mitte der Fahrbahn angelangt, als das erste Auto über ihn hinweg braust. Benommen von plötzlicher Dunkelheit und dem unbekannten Fahrtwind versucht er sich festzuklammern, rollt dennoch ein Stück weit fort, gerät auf die weiße Mittellinie und folgt ihr ein paar Meter. Bis der Fahrtwind des nächsten Autos ihn dorthin wirft, wo er hergekommen ist: an den Straßenrand beim Garten. Schnell und hastig ersteigt Cokki eine Margerite, umkreist trippelnd ihren Blütenkranz und schwingt sich in die Luft. Noch einmal davongekommen?

Ja, vor allem der grünschwarz gefärbten Libelle entgangen, welche die Straße mit ihrem warmen Aufwind zum Jagdgebiet erkoren hat. Sie ist zurzeit richtiger Chef hier, eine echte kriegerische Patrouille: Wen sie fangen und aufessen will, den greift sie sich aus der Luft und erledigt ihre Mahlzeit während des Fliegens. Cokki wäre sowieso ihre letzte Mahlzeit gewesen: Das nächste Auto erfasst sie an der Windschutzscheibe, wirft sie voraus auf den Seitenstreifen – wo sie am Abend der Igel findet und seinen ersten Nachthappen verputzen kann.

„Der Tod des einen ist das Leben des anderen!“

* * * * * *

Dieser konsequente Lehrsatz wird immer wieder in der Praxis der Natur bestätigt. Die Libelle ist tot, der Igel hat sie gegessen. Noch bevor dies am Abend geschieht, hat eine zweite Libelle derselben Art das Revier der Straße übernommen. Als Cokki sich in die Luft schwingt und vielleicht doch noch ein Opfer dieses Flugkünstlers geworden wäre, wird diese Opfer des hiesigen Turmfalken, der seine Jungen in der benachbarten Strohscheune zu versorgen hat. So schafft es Cokki abermals glücklich, „seinen“ Garten wieder zu erreichen. Aber er landet in einem lichten Baum, auf dessen Geäst ebenfalls ein hungriger Vogel lauert: der Kuckuck. Neben ihm hocken schon zahlreiche Marienkäfer in den Zweigen, denn heute scheint ihr Hauptflugtag zu sein. Sie wären allesamt verloren, wenn der Kuckuck sie essen wollte. Aber er ist ein Spezialist ersten Grades: Er isst nur jene behaarten Raupen, welche heute ziemlich im Garten anzutreffen sind. Es sollte, werte Leserschaft, erwähnt werden, dass ein Kuckuck sich keine Sorgen wegen Nachkommenschaft machen muss, denn er lässt ihn von so genannten Zieheltern füttern.

Cokki landet jetzt auf einer Grasfläche, die heute noch gemäht werden soll. Sucht dort vergeblich nach Blattläusen und fliegt kurz hinüber in Nachbars Garten. Er landet in dessen Kartoffelfeld von 25 Quadratmetern Größe. Hier macht er die erste persönliche Bekanntschaft mit Menschen –

was seine Rettung bedeutet! Denn um die alljährlich wiederkommende Braunfäule, eine Pflanzenkrankheit, zu bekämpfen, hat sich dieser Gartenfreund heute entschlossen, hiergegen zu spritzen. Er ist sich nicht sicher, ob das Spritzmittel im Kontakt zu Insekten tödlich ist; aber sicher ist sicher! So sammelt er alle entdeckten Marienkäfer ab, darunter auch Cokki, und wirft sie über den Zaun in Nachbars Garten. Noch im Wurf klappt Cokki seine Flügel auseinander und landet nach kurzem Flug wieder in „seinem" Garten.

Und wieder im Kartoffelfeld! Wo er jedoch trotz aller Hin- und Herkrabbelei keine Blattläuse entdecken kann. Doch dort, nur eine Pflanze weiter, leuchtet es deutlich schwarzrot oder rotschwarz. Artgenossen! Artgenossen? Jetzt verrät uns Cokki, dass er ein Männchen ist. Denn trotz allem Hunger, den er spürt, glaubt er nun, sich paaren zu müssen. Aber irren ist nicht nur menschlich! Wen Cokki nun von hinten zu besteigen versucht, ist kein Weibchen seinesgleichen, sondern eine Blattwanze, die ihn, ginge die Sache schief, packen und aussaugen könnte. Cokki überklettert beide Wanzen, die kurz vorm Liebesakt stehen, und verlässt das Kartoffelfeld fliegend.

Bisher hat Cokki in allen seinen Aktionen Glück gehabt, jetzt jedoch scheint sein Unglückstag angebrochen zu sein. Kein Wunder in einer Umgebung und Jahreszeit, wo alles aufs Fressen und Gefressenwerden ausgerichtet ist. Potentieller

Aufesser Cokkis scheint nun das Große Grüne Heupferd (*Tettigonia viridissima*), „die ganz Grüne“, zu sein, welche bereits lauernd auf dem Blatt einer Pflanze sitzt und Cokki mit ihren gläsern wirkenden Augen anvisiert. Sie ist kein Vegetarier und hat so starke Mandibeln, dass ihr Biss auch für uns Menschen schmerzhaft sein kann. Dieses relativ große Insekt ist ein rascher und hervorragender Nah- und Weitspringer, der sich mit dem Sprung über seine Beute platziert. Damit kommt er in die Lage, sie mit seinen klebrigen Vorderbeinen festzuhalten. Nur zehn Zentimeter trennen unseren Cokki von diesem Ungetüm, da setzt es zum Sprung an und hätte Cokki auch erwischt, wenn sich beim Abheben nicht der Zweig der Pflanze heftig bewegt hätte – und das weiß Cokki bereits: Bei plötzlichen ruckartigen Erschütterungen des Ruhe- und Sitzplatzes hat man sich fallen zu lassen; gerettet!

* * * * * *

Cokki stürzt in die Dämmerung des unteren Pflanzenbereichs ab und bleibt dort eine Weile liegen. Anschließend hat er Mühe genug, den Weg nach oben wiederzufinden. Schließlich erreicht er eine gelbweiße Kartoffelblüte, welche den höchsten Punkt der Pflanzenwelt ringsum darstellt und startet von ihr zum nächsten Flug. Es wird ein Rundflug von zwei Minuten Dauer, der ihn nicht weiter als in in den Nachbargarten der anderen Straßenseite bringt. Hier grenzt, obwohl es sich nicht um eine Schrebergarten-Kolonie handelt, ein etwa tausend Quadratmeter großer Garten an den anderen. Ihren Ursprung hat diese Anlage in einer ab 1939 geschaffenen Siedlung für Selbstversorger; darum die großen Grundstücke. Diese dienten tatsächlich bis in die 60er-Jahre der Versorgung mit Obst und Gemüse und der Fütterung einer Ziege oder eines Hausschweins. Es dauerte nur zwanzig bis dreißig Jahre, bis aus Beeten Zierrasen geworden war.

Auch in diesem Garten findet Cokki einen freundlichen Gärtner, der sich seine Turnereien und Krabbeleien im Gesträuch wohlwollend anschaut, bis er ihn behutsam aufnimmt und auf seine mit Blattläusen verseuchten Stangenbohnen versetzt. Cokki nimmt dieses Nahrungsangebot nicht sofort an, zu sehr hat ihn alles Erlebte aufgeregt und scheu gemacht. So verkriecht er sich erst einmal auf die Unterseite eines Blattes zum Ausruhen und wechselt von dort auf eine der ersten Bohnen über, die sich schon gebildet haben. Nach einer Stunde Ruhe hat sich die Natur ein wenig abgekühlt, so dass Cokki sich auf die Jagd nach einem „Abendessen“ machen kann.

Als er kletternd die Spitze der Bohnenstange erreicht hat, lauert schon wieder Lebensgefahr. Einer der allgegenwärtigen Spatzen, auch Sperling genannt, beobachtet ihn hungrig und übersieht dabei die Gefahr aus der Luft von rückwärts: Ein

Sperber, der möglichst nur in der Luft fängt, eräugt ihn in dem Moment, wo der Spatz Cokki ins Visier nimmt und ihn anfliegt. Er spürt den plötzlichen Schmerz nicht, den zwei sich um ihn klammernde Greifvogel-Krallen ihm zufügen.

Dieses Unglück beobachtet eine Spatzengesellschaft vom Dach der Gartenlaube aus und zetert gemeinsam, als der Sperber ihren Genossen auf der Spitze der Bohnenstange kröpft (aufisst). Dann fliegt der Sperber mit dem Rest seiner Beute ab und auch die Spatzen beruhigen sich. So ist auch für Cokki der Weg frei. In einem großen Bogen umrundet er sein bisheriges Revier und entschwindet im Blau des Abendhimmels. Noch vor der Dämmerung geht er tiefer, landet am Rand einer Kuhweide auf einer Schafgarbe und kriecht unter die Blütendolde. Sie vermag etwaige Wetterunbilden abzuhalten und schützt Cokki vor neugierigen Blicken der Singvögel. Morgen wird ein neuer Tag beginnen, wir verraten es schon, der sich zu einem riesigen Fress- und Schlemmertag für Cokki mausern wird…

„Nieder mit den Blattläusen!“

Wie lautet ein altes Sprichwort:

„Besser eine Laus im Kraut als gar kein Fleisch!“

Im Zuge unserer Geschichte kann natürlich nicht über jeden Tag in Cokkis Leben berichtet werden; das ergäbe zu viel Seiten und würde schließlich Langeweile erzeugen. Cokkis Hauptbeschäftigung ist zweifellos, - wie bei allen Lebewesen dieser Erde -, die Sicherstellung seiner Ernährung. Weil der Speisezettel eines solchen Insekts weder sehr anspruchsvoll noch luxuriös zu sein scheint, kann die sommerliche Ernährung Cokkis kein Problem darstellen. Würden seine Menüs einmal niedergeschrieben werden, auf einer Speisekarte vielleicht, dann wäre dort wohl zu lesen:

Blattlaus im eigenen Saft,
Milbenmenü auf Brennnessel,
Frische Schildlaus direkt vom Blatt und
Junge Blattläuse in grüner Soße.

Also ist eine gewisse Eintönigkeit des Speisezettels nicht zu übersehen. Aber für derartigen Schnickschnack ist im natürlichen Überlebenskampf draußen kein Platz vorhanden.

Die Jagd auf Blattläuse und ähnliches Gelichter ist für denjenigen, der sie genießt, eine der schönsten Beschäftigungen des Lebens. Und Cokki mag diese kleinen Tiere, sie sind seine Leib- und Magenspeise. Wenn ein Gärtner bei der Beobachtung seines Vorgehens mitzählt, dass Cokki in einer Viertelstunde zwölf Läuse erledigen kann, wird ihm klar, dass es sich um eine Schwerarbeit handelt. Obwohl wir hier eine konstante Zahl haben, nämlich zwölf Läuse in fünfzehn Minuten, sollten wir nicht auf die Idee verfallen hochzurechnen, wie viel Blattläuse eine Persönlichkeit wie Cokki in der Stunde, an einem Tag, im Monat oder gar in seinem ganzen Leben in die ewigen Jagdgründe schicken könnte. Denn eines ist dabei ganz ungewiss: Wie viel Stunden arbeitet er eigentlich am Tag? Dennoch macht sich jeder Gärtner gern die Arbeit, wenigstens gedanklich, darüber nachzudenken, dass die Vertilgungsaktionen aller „seiner“ Marienkäfer für ihn sehr von Nutzen sein müssen.

Wenn man hier auf den Gedanken kommen sollte, all den vielen umgekommenen Blattläusen, Schildläusen und Milben und ihrer gnadenlosen Verfolgung ein paar Minuten Gedenkens und des Mitgefühls zukommen zu lassen, so sollte man solche Rührungen schleunigst unterdrücken. Und das aus diesem einfachen und praktischen Anlass: Diese wehrlosen Tierchen werden, so die Meinung maßgeblicher Wissenschaftler, zusammen mit Ratten erst untergehen, wenn unsere Erde komplett unbewohnbar geworden ist. Niemand ist in der Lage, sie vorher auszurotten. Denn infolge ihrer originellen und zweckmäßigen Fortpflanzung, - wir werden auf sie noch zurückkommen -, ist kein tierischer Fressfeind stark und zahlreich genug, ihre Bestände lebensbedrohend zu dezimieren.

Und die Evolution und Natur haben allen Tieren zugestanden: Wenn ihr über alle Maßen angegangen werdet, dürft ihr euch auch über alle Maßen vermehren!

* * * * * *

Zur Vermehrung der Blattläuse kommen wir jetzt, werte Leserschaft. Blattläuse gehören zu den Pflanzenläusen (*Sternorrhyncha*). Von den 3.000 Arten, die einigermaßen bekannt sind, leben in Mitteleuropa ungefähr 850. Sie auseinander zu halten ist nur Wissenschaftlern möglich. Blattläuse ernähren sich von Pflanzensäften, nicht alle gelten als Schädlinge unserer Nutzpflanzen.

Die meisten Blattläuse werden nur wenige Millimeter groß. Als Pflanzensauger sind sie mit einem Stechrüssel ausgestattet, den sie in nicht zu harte Pflanzenteile einsenken können. Ungeflügelte Formen herrschen vor, aber im Zuge von Generationswechseln entstehen auch geflügelte Formen, die für eine weite Verbreitung sorgen. Originell ist die so genannte *Parthenogenese*, die Jungfernzeugung, die erst eine Massenvermehrung ermöglicht.

Zur komplizierten Fortpflanzung der Blattläuse zitieren wir das Internet-Lexikon Wikipedia:
„Bei den meisten Arten wechselt sich eine geschlechtliche Generation (aus Männchen und Weibchen) ab mit mehreren bis zu vierzig aufeinanderfolgenden Generationen mittels Jungfern-

zeugung erzeugter Weibchen… Bei vielen Arten ist aber die geschlechtliche Fortpflanzung verloren gegangen; es werden nur parthenogenetische Weibchen gebildet. Die Geschlechtstiere legen Eier ab, während die parthogenetischen Generationen immer lebendgebärend sind… Je nach Umweltbedingungen werden, nach in der Regel vier Nymphenstadien, ungeflügelte oder geflügelte Nachkommen produziert. Dies geschieht zum Beispiel bei Überbevölkerung vor Ort. Etwa zehn Prozent der Blattlausarten sind wirtswechselnd, das heißt verschiedene Generationen leben auf unterschiedlichen Pflanzenarten. Bei diesen Arten erfolgt der Wechsel ebenfalls durch geflügelte Tiere.“

Nicht genug damit, dass Blattläuse meist kopfstarke Völker bilden, nein, sie bilden sogar für jede von ihnen heimgesuchte Art von Pflanzen eine eigene Spezies aus. So können sie vom Schnittlauch bis zum Mammutbaum jede Pflanze besiedeln. Dabei geben sie sich als gemischt-bunte Gesellschaft nicht mit einer Färbung zufrieden. Denn es gibt rote, grüne, braune, schwarze, blaue und durchsichtige Gesellen, zudem glatte, behaarte und befilzte – kurzum, sie sind allen Situationen angepasst. Die dunkelblauen fallen uns im Garten besonders auf, weil sie manchmal ganze Stängel und Strünke von oben bis unten dicht gedrängt besetzt halten. Derart befallene Pflanzen kränkeln und sterben schließlich ab.

Ein Gärtner berichtete dem Autor von der Ausdauer und Zähigkeit dieser doch scheinbar zierlichen Geschöpfe.
„Ich war gerade bei der Überlegung angekommen", sagte er, „wie ich eine über- und überbesetzte Blattlauskolonie an meinen Him- und Brombeersträuchern ausrotten könne, als sich urplötzlich ein Gewitter in meine Überlegungen schob. Ich hörte den Regen schon furchtbar prasseln und flüchtete mich ins Haus. Dort schaute ich einem fünfminütigen Wolkenbruch zu, wie man ihn nur aus den Tropen kannte. Immerhin, dachte ich, wenn auch meine Beeren kurz und klein geschlagen werden, so sind doch auch alle Blattläuse umgekommen."
Gedacht und geirrt!
„Aber nein! Über sechzig Prozent waren quietschvergnügt und der Verlust der vierzig Prozent kam nur dadurch zustande, dass viele Zweige der Sträucher aneinander geschlagen wurden."

* * * * * *

Cokki gibt sich heute nicht wählerisch. Wenn ihn bohrender Schmacht (Hunger) unruhig und hektisch macht, fällt er wie ein Ungeheuer in eine Blattlauskolonie ein und wütet in ihr wie ein Massenmörder. Eine solche Kolonie, - wir erwähnten es schon -, gerät nie in Panik, wenn solcher Besuch kommt. Denn solchen überfallartigen Besuch kennen die Tiere von Ameisen her. Diese kommen jedoch nur in der harmlosen Absicht vorbei, zu naschen. Der süße Saft, den die saugenden Blattläuse ausscheiden, ist für die Ameisen eine Delikatesse. Werte Leserschaft, vielleicht hast du in deiner Küche oder Vorratskammer auch schon einmal einen Überfall der Ameisen erlebt? Was suchten sie dabei vornehmlich: Zucker und andere Süßigkeiten!

Bei ihren Besuchen in der Kolonie kann es zu regelrechten Besäufnissen der Ameisen kommen, denn der Blattlaussaft enthält Alkohol. Als günstiger Nebeneffekt entsteht für die Blattläuse ein gewisser Schutz, weil die Ameisen, - es können auch die stärkeren Waldameisen unter ihnen sein -, kleine Raubinsekten wie Zweipunkt-Marienkäfer, deren Larven, die verletzlichen Florfliegen und deren Larven verscheuchen, überwältigen und in ihre Baue forttragen. Cokki können die Ameisen allerdings nichts anhaben, weil er ja rundum gepanzert ist. Wenn er sich, meist von unten emporsteigend, an eine Kolonie heranpirscht, bemerken nur die direkt betroffenen Opfer, dass ihnen das Lebenslicht ausgeblasen wird. Sie können ihre Kollegen nicht warnen. Erwachsene weibliche Läuse sind relativ stark und durchaus in der Lage, einen Marienkäfer, der sich an ihrem Hinterteil festgebissen hat, auf einer langsamen staksigen Flucht hinter sich herzuziehen. Dadurch kommt ein bestimmter Grad von Unruhe in die Kolonie, die sich auf alle

Mitglieder übertragen kann, so dass einige abzuziehen beginnen.
„Ich habe gesehen“, berichtet der scharfäugige Gärtner Fritz Pöppelmann, „wie aus einer Blattlauskolonie ganze Kolonnen von Jungläusen abmarschierten, nachdem diese Kolonie von einem Dutzend Marienkäfern nebst deren Larven überfallen wurde. Einige Etagen höher kamen sie dann zur Ruhe.“
Cokki aber lässt ein einmal angebissenes Opfer nicht los, und so dauert es nur fünf bis zehn Sekunden, bis dieses so geschwächt ist, dass es seinen Widerstand aufgibt. Weniger aufmerksame Gärtner erkennen erst an von den Pflanzen abtröpfelnden Ausscheidungen, dass dort oben etwas nicht stimmt.

Gartenkenner wissen schon vorher Bescheid. Sie entdecken zum Beispiel an niederen Obstbäumen, dass sich einige Blätter an den Zweigenden ganz plötzlich zusammenrollen. Nach innen hin, so dass ein Hohlraum entsteht. In diesen haben sich vorerst ein paar eierlegende Weibchen der Blattläuse eingenistet, um ihren Kindern Schutz vor Fressfeinden zu gewähren – der Kern einer größeren Kolonie ist geschaffen. Wer nun, werte Leserschaft, diese trockenen Blätter absammelt, in der grünen Tonne entsorgt oder sie am Boden mit den Schuhen zertritt, tötet auch jene „cleveren“ Marienkäfer, die sich bereits an die Blattläuse herangemacht haben.

Solch vorschnelles Handeln hat schon manchem Nützling das Ende gebracht. Bevor man befallene Pflanzen mit Wurzel und Stiel aus dem Boden reißt und dem Komposthaufen überantwortet, sollte man prüfen, ob man auch die Nützlinge mitgefangen hat. Warum wir hier auf dieses Thema so ausführlich eingegangen sind? Weil derlei unkontrollierte Maßnahmen alle Marienkäfer unmittelbar bedrohen. Auch Cokki? Auch Cokki! Um das zu beweisen schwenken wir nun einmal von Gärten ab in die kommerzielle Landwirtschaft.

* * * * * *

Es ist Mitte Juni geworden. Da fährt eine riesige Maschine auf hohen Gummirädern vor einem Wiesenschlag auf, der von halbmeter hohem Gras bewachsen ist – die Heuernte beginnt. Sie war ganz früher, als mit Sensen gemäht wurde, kaum bedrohlich für Insekten, dann kamen die von zwei Pferden gezogenen Mähmaschinen auf, die auch noch nicht bedrohlich waren. Erst die mit hoher Motorleistung und großer Geschwindigkeit und Mähmesser voraus fahrenden Maschinen brachten die Wende zum Schlechteren für Käfer, Raupen, Heuschrecken, Blattläuse und Co. Ein Landwirt, der nicht nur auf höchste Rendite, sondern auch auf Vielseitigkeit im Gras- und Kräuterwuchs wert legt, - wodurch die Insektenvielfalt noch gesteigert wird -, mordet diese gleichzeitig durch Mähen,

Trocknen und Wenden des Grases dahin. Wird das Mähgut sofort verkleinert und zur Silage eingemietet, dann essen die Kühe im Winter eingemachtes Gras mit Fleischzulage. In einem modernen Hauruckverfahren arbeitet eine solche Maschine viele Morgen und Hektars ab, für die früher ganze Helferscharen ein paar Tage benötigten.

Weil du, werte Leserschaft, davon kaum noch etwas wissen kannst, erzählen wir kurz und knapp, wie es dabei herging. Viel mühevolle Landarbeit war es, die erste Ernte des Jahres einzubringen und „allemann" nebst alle Frauen mussten mit anpacken. Das Wetter musste stimmen, denn die Sonne sollte ja das gemähte Gras in eineinhalb Tagen so trocknen, dass es gefahrlos im Giebel der Bauernhäuser gelagert werden konnte. Fast alle Wiesen- und Grasbewohner hatten während des Arbeitsbeginns die Chance, sich rechtzeitig zu verdrücken: fliegende und kriechende Insekten wie Käfer, Hummeln, Heuschrecken, Grillen und Schmetterlinge und Erdbewohner wie Mäuse, Maulwürfe und die damals nicht seltenen Maulwurfsgrillen. Das von den Messern geschnittene und abgelegte Gras blieb ein paar Stunden in der prallen Sonne liegen, dann wurde es mit einem einspännigen Heuwender durcheinander gewirbelt und am Spätnachmittag, ehe der Tau es nässte, zusammengerecht (siehe Heurechen) und auf Haufen geworfen. Am anderen Morgen, so denn das Wetter es zuließ, wurden die Haufen auseinander gestreut, bis die Sonne es gegen 15 Uhr so getrocknet hatte, dass es eingefahren werden konnte.

Viel Handarbeit war's mit Rechen, Harken, Aufladen und Einbringen, und das oft bei ziemlich mörderischer Hitze. Auch Laien können sich heute vorstellen, welche Chancen die Arbeiten allen Kleintieren bot, davonzukommen. Oft konnte man Greifvögel, Rabenvögel, Graureiher und Störche beobachten, welche die Arbeiten im Auge behielten und aufgestörte Frösche und Mäuse erbeuteten. Heutige Graskulturen bestehen millionenfach nur aus einer Grasart, ohne Blumen darin, nicht einmal die schöne gelbleuchtende Kuhblume ist dabei, (*Taraxum offizinalis*), auch „Pissblume" genannt, die früher ab April ganze Hänge schmückte! Kehren wir nach diesem Ausflug nun zu unserem Cokki zurück.

* * * * * *

Cokkis Schwelgerei in einer Blattlauskolonie ist für ihn meistens eine bequeme Angelegenheit, weil er nur einen kleinen Trippelschritt nachzurücken braucht, wenn er ein weiteres Opfer greifen will. Allmählich, besonders wenn sie von allen Seiten durch ihre Fressfeinde angefallen werden, rotten sich die Blattläuse zu einem Pulk zusammen und versuchen sich einzuigeln. Alles drängt nach innen, steigt übereinander, die Großen treten die Kleinen – ganz so, wie es bei menschlichen Zusammenrottungen vorkommen soll. Man kann manchmal ein völliges Durcheinander erkennen, mal gerät Cokki mitten unter die Blattläuse, dann fallen fünf oder acht Marienkäfer über das Blattlausgetümmel her und behindern sich gegenseitig bei der Mahlzeit. Vermutlich erkennen die Marienkäfer ihren Nachwuchs gar nicht, der sich munter an der Verfolgung flüchtiger Blattläuse beteiligt.

Hier geschieht es das erste Mal, dass Cokki in Paarungslaune gerät, aber ganz offensichtlich am falschen Objekt seiner Begierde landet. Wie schützt die Natur sich vor „falschen Paarungen“? Das scheint ganz einfach zu sein: Es klappt ganz und gar nicht, wenn Cokki einem Zweipunkt-Weibchen auf den Rücken steigt, ebenso nicht, wenn er das beim größeren Vierzehnpunkt- oder Schachbrett-Marienkäfer (*Propylea quatuordecempunctata*) versucht – die Anatomie stimmt einfach nicht! Und dann gar jetzt: Da scheint Cokki einer optischen Täuschung zu unterliegen, die selbst unseren Augen verständlich vorkommt: Vor ihm sind plötzlich zwei Exemplare der Blattwanzen aufgetaucht, und wenn wir sie beschreiben, werden wir Verständnis für Cokkis Irrtum haben.

Die Bunte Blattwanze (*Elasmostethus interstinctus*) tritt in Farbvariationen auf, die selbst Fachleute irre machen können: grün, braun, grünbraun, grünrot, rostbraun, schwarz und rotschwarz gestreift. Letztere sind es, welche Cokki nun vor sich hat. Eines der Tiere lässt sich von Cokki besteigen, aber eine körperliche Vereinigung kann natürlich nicht zustande kommen! Im Gegenteil: Eine der Wanzen wendet sich nun Cokki zu, was nicht ungefährlich ist, denn Blattwanzen saugen nicht nur Pflanzen, sondern auch kleinere Insekten an. Wenn sie eine weiche Stelle finden, brauchen sie nur ihren langen Saugstachel einzuführen und die Beute mit den kräftigen Vorderbeinen festzuhalten. Cokki lässt sich nicht halten und wandert weiter. Dabei stößt er auf ein Gelege der grünen Blattwanze, deren Kinderschar gerade dabei ist, aus den Eiern zu kriechen; (siehe Foto!) Nur fort von hier, Getümmel, außer bei Blattläusen, mag Cokki gar nicht.

Wir waren bei Cokkis Schwelgerei stehengeblieben. Er findet sich nun bei einer Blattlauskolonie ein, die von seiner Sippschaft *Coccinellidae*, so der „Familienname", zügig hergenommen wird. Die Evolution hat sich gefallen, Marienkäfer in so vielen Unterarten „herauszubringen", die selbst ein schöpferischer Maler oder Zeichner nicht erfinden könnte; (siehe Bildtafeln!) In dieser hier beschriebenen Blattlauskolonie sind beinahe alle mitteleuropäischen Marienkäferarten versammelt, nebst ihren Larven, die ja, wie wir wissen, mindestens so verfressen wie ihre Eltern sind. Nur ein Exemplar findet Cokki nicht: eine Partnerin!

* * * * * *

Gerade jetzt in diesem Augenblick fühlt sich Cokki von einem jungen Verwandten belästigt, der ihm nicht nur die schon angeknabberte Blautlaus „aus den Händen reißen“, sondern auch ihn selbst anbeißen will – Kannibalismus in Ansätzen ist das! So geht es ihm noch ein paarmal, bis er mit einem kurzen Flug einen Ortswechsel vornimmt und dort von zwei Waldameisen „empfangen“ wird. Schon eine von ihnen könnte ihn packen und in den Bau, einen großen Ameisenhaufen, abtransportieren. Cokki weicht aus, überrennt die Larve einer Florfliege, die sich gierig an ihn hängt, aber loslassen muss, als Cokki in die Luft steigt.

Sein Flug führt ihn nicht weit. Ein blühender Holunderbaum, - auch Holderstrauch genannt -, taucht vor ihm auf. Eine ganze Gruppe von Marienkäfern ist hier unterwegs, und das aus gutem Grund: Er, der Baum ist auf fast allen Zweigen so mit Blattläusen „eingedeckt“, dass er eine dunkle Färbung angenommen hat und gewiss diesen Sommer nicht überstehen wird, wenn er keine Hilfe bekommt. Allerlei Kostgänger in Sachen Blattlaus-Mahlzeit sind hier unterwegs, wir zählen die wichtigsten auf.

Erstens: Da turnt eine Blaumeise im Kraut herum und sammelt im Schnabel alles auf, was ihre acht Kinder im nahen Nistkasten verdauen können, Blattläuse, Milben, Larven, Schwebfliegen, Feu-

erwanzen, Raupen und auch Junikäfer. Marienkäfer vermeidet sie, so dass Cokki wieder einmal davonkommt.
Zweitens: Eine Waldeidechse (*Lacerta vivipara*) ist am Holunderstamm emporgeklettert, um die Strahlen der Sonne genießen zu können. Ohne es vorher zu wissen, ist sie so in die Kolonie geraten und braucht nun nur ihr Mäulchen hin her zu bewegen und jedes Mal zuzuschnappen. Für ein Reptil, das starke Käfer und dicke Raupen überwältigen kann, sind das keine große Happen, aber der zuschauende Gärtner beobachtet, dass ihr diese süßen und saftigen Happen schmecken müssen, denn sie leckt immer wieder mit ihrer Zunge ums Maul herum – wie viele Säugetiere es auch machen.
Drittens: In der dichten Hecke, welche den Garten einzäunt, hat die Zwergmaus ihr kugeliges Nest gebaut, in dem die zwei Tage alten Jungen jetzt schlafen. Gelegenheit, einmal für sich selbst zu sorgen. Sie kennt die Blattlauskolonie von früheren Besuchen und kann sich zweifellos erinnern, dort leckere Beute zu machen. Unterwegs hätte sie auch Cokki vernaschen können, doch der rutscht instinktiv unter den Zweig. Sehr manierlich, wie alle Mäuse essen können, nimmt sie nun gezielt die dicken Mamas mit den Händen auf und zerlutscht sie im Mund.
Viertens: Als letzter ist der Kleiber zu nennen, der im benachbarten Forst eine alte Höhle bewohnt

und jetzt nach stundenlangem Bebrüten seiner fünf Eier Hunger bekommen hat. Nach Spechtart hackt er seinen Schnabel in die dichte Blattlauskolonie und wirft mehr Tiere zu Boden, als er aufessen kann.

* * * * * *

Der Inhaber dieses famosen Gartens steht staunend dabei. Staunend darüber, dass die Natur ganz offensichtlich bemüht ist, kein „Volk" so hochkommen zu lassen, dass es übermächtig wird. Und in der Tat, werte Leserschaft, wo käme die Menschheit hin, wenn Blattläuse jeden bewohnbaren Quadratmeter und jede Pflanze lückenlos bedecken würden?

Das denkt der Gärtner, als er seinen Holunderbaum näher in Augenschein nimmt. Denn eines ist auch ihm klar: Dass noch so viele Fressfeinde seinen Garten nicht läusefrei halten können. So beschließt er einzugreifen, schonend einzugreifen, um Nützlinge nicht zu schädigen – so gut, wie's möglich ist. Darum nutzt er die Holzhammer-Methode, die sich offenbar noch nicht für jeden Garten herumgesprochen hat. Sie besteht darin, mit einem Holzhammer, - es darf auch ein derber Knüppel oder Zaunpfahl sein -, Stamm, starke Äste und Seitenäste des Holunders so zu „verprügeln", dass die Blattläuse „an ein Erdbeben denken", jedenfalls in Scharen zu Boden stürzen. Es regnet also sozusagen Blattläuse. Unser Gärtner untersucht die Gefallenen nach Nützlingen, einige Marienkäfer sind dabei, auch Cokki, sammelt sie pauschal ein und bringt sie in einen anderen Teil seines Gartens.

Und ehe sich die am Boden liegenden Blattläuse, tausend oder zehntausend Stück vielleicht, aufrappeln und hoch- oder abwandern, tritt der Gärtner die ganze Vegetation kurz und klein und beginnt sie in einer Blitzaktion unterzugraben. Seine Hoffnung, sie, diese Blattläuse, werden den Boden düngen helfen, wird wohl nicht zu beweisen sein.

Und unser Cokki? Es ist wieder einmal festzustellen, „dass er davongekommen" ist. Bevor wir ihn, werte Leserschaft, bei seinen weiteren Feldzügen gegen Blattläuse beobachten, schwenken wir einmal in seinen normalen Alltag ab…

Bildtafel 1: Thema und Varianten

Bildtafel 2: Paarungen

Bildtafel 3: Von der Paarung bis zur Puppe

Bildtafel 4: Verschiedene Lebensstationen

Bild 5: Versammlung am Fingerhut

Bild 6: Im Spinnennetz, aber nicht gefangen

Bild 7: Der Kuckuck mag Marienkäfer nicht

Bild 8: Marienkäfer in einer Blattlauskolonie

Bild 9: Eine Blattlaus in Großaufnahme

Bild 10: Eine „Marienkäfer-Wiese“

Bild 11: Ein Tintenpilz aufgehübscht

Bild 12: Hier ist es schon Herbst geworden

Bild 13: Marienkäferversammlung im Winterquartier

Bild 14: „Gute Nacht, ihr Marienkäfer!"

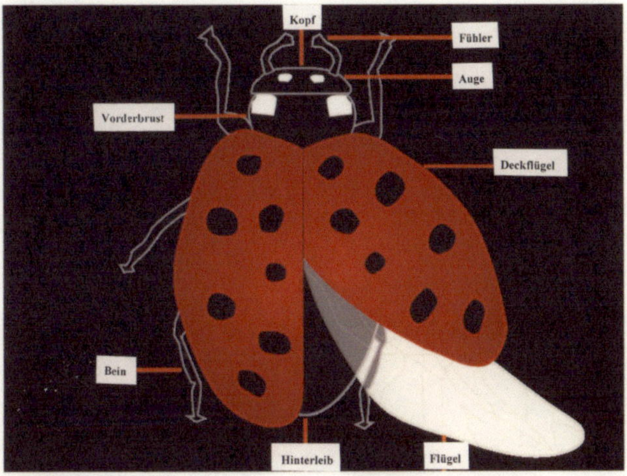

Bild 15: Anatomie der Marienkäfer

Bild 16: „Zu nah an der Kamera!"

Bild 17: Cokki auf der Buchseite

Bild 18: Cokki vorm Autoreifen

Bild 19: Cokki in der Tomatensuppe

Bild 20: Cokki auf den Bratkartoffeln

Bild 21: Ein hübscher Ruheplatz für Cokki

Bild 22: Beide schlafen...

Bild 23 und 24: Schöne Aussichtsplätze

Bild 25: Marienkäfer-Hauptversammlung

Bild 26: Nicht jeder Schwarzrote ist ein Marienkäfer!

Bild 27 und 28: Cokki und die Heuschrecken

Bild 29: Cokki und die Große Waldameise

Bild 30: Cokki auf feuchtem Sitzplatz

Bild 31: Marschformation der Marienkäfer

Bild 32: Dorngrasmücken verschmähen Marienkäfer

Bild 33: In einem Hochsitz kann man gut überwintern

Bild 34: Das ist Cokkis Überwinterungsheim

Cokkis Abenteuer

Erstes Abenteuer. Wir wissen, dass Cokki schon einmal auf eine Straße geriet und um ein Haar überfahren worden wäre. Kein Mensch weiß, wie oft schon Marienkäfer von Autoreifen plattgefahren worden sind. Nach seinem ersten langen Flug, auf dem er einen ganzen Kilometer zurücklegte, landet er direkt vor einer Garageneinfahrt, auf der ein PKW abfahrbereit steht. Es geht um Sekunden: Cokki quert die Einfahrt zu Fuß, um auf die Rasenfläche nebenan zu gelangen. Der Fahrer des Autos beendet sein Schwätzchen, löst die Handbremse, legt den Gang ein, lässt die Kupplung kommen – da hat Cokki die unmittelbare Nähe des Vorderreifens verlassen und ist damit gerettet. Die Tochter des Fahrers entdeckt ihn und nimmt ihn mit in die Gute Stube, damit er Jagd auf die Blattläuse dort auf der Fensterbank machen kann.

Damit beginnt Cokkis **zweites Abenteuer.** Er befindet sich noch nicht eine Minute im Haus, da hat er sich jeder Kontrolle entzogen. Ein paarmal brummt er gegen die großen Fensterscheiben zum Garten hin, wie jedes Insekt vor und nach ihm auch. Bis er in der Küche umherschwirrt und auf dem Elektroherd landet. Zu seinem Glück nicht auf ein eben eingeschaltetes Segment, so dass er wieder davonkommt, startet, gegen das Küchenfenster prallt und von dort auf die Bratkartoffeln fällt, die auf einem anderen Segment des Herdes bereitstehen. Ehe die Köchin erscheint und serviert, startet er erneut und landet diesmal auf einem Schreibtisch. Dort liegt ein dickes Buch aufgeklappt – sollte jetzt ein Leser kommen und es zuklappen, würde er zwischen 160 und 161 eingeklemmt werden.

Drittes Abenteuer. Kann ein fliegender Marienkäfer das aufgespannte Netz einer Kreuzspinne rechtzeitig erkennen und ihm ausweichen? Da muss ganz klar mit „Nein“ geantwortet werden. Cokki brummt also in ein Netz, das zwischen zwei Zweigen aufgespannt ist, und wäre wohl verratzt gewesen, wenn die Kreuzspinne auf Draht und nicht anderweitig beschäftigt wäre. Dank seiner hohen Geschwindigkeit hat Cokki das Netz zerrissen und glatt durchstoßen. Nebenan hängt eines, wo eine Kreuzspinne just dabei ist, einen Marienkäfer einzuwickeln.

Viertes Abenteuer. Ein Kuckuck, den wir schon einmal erwähnt haben, ist es nicht gewohnt, dass ihm Beute direkt vorm Schnabel landet. Cokki tut dies. Doch der Kuckuck rührt sich nicht und ruft unbeirrt seinen Namen ins Revier. Wir wissen ja schon, dass er ein Spezialist für andere, meist fettere Beute ist, nämlich jene langhaarigen Raupen, die von anderen Fressfeinden verschmäht werden.

Fünftes Abenteuer. Ob die Heuschrecke, der Cokki sozusagen vors Maul gerät, als er einen Ast entlang krabbelt, ihn verschmäht hätte, bleibt unbewiesen. Denn die beiden grünen Vorderbeine gleiten an Cokkis halbrundem Körper ab, so dass dieser vom Ast fällt und die Heuschrecke so etwas Kompliziertes wie eine Verfolgung nicht kennt.

Sechstes Abenteuer. Auch das Männchen der Zauneidechse (*Lacerta agilis*) ist teilweise grün eingefärbt. Als Cokki einen passablen Startplatz sucht und nicht wissen kann, dass der Schwanz einer Eidechse nicht aus Holz besteht und auch der weiterführende Körper nicht, klettert er bis zum Kopf hoch und dreht sich dort ein- und zweimal im Kreis, ehe er startet. Da hätte ihn die Echse längst ins Maul nehmen können!

Siebtes Abenteuer. Eine Erdkröte (*Bufo bufo*) hockt gerne in Lauerstellung, da sie schlecht zu Fuß ist, und wartet auf Beute. So kann sie den ganzen Sommer hinbringen, denn mit ihrem Nachwuchs hat sie nichts zu tun. Sie ist auch nicht wählerisch im Geschmack und „isst alles“, weiß der Gärtner, „was ihr vors breite Maul kommt“. Cokkis Abwehrmittel, die bitteren gelben Tropfen, würde sie gar nicht schmecken, weil sie ihn nicht zerkauen kann und jede Beute, schon tot oder noch lebendig, in ihren Magen geschoben wird. Cokki ist damit in höchster Gefahr, wenn er nicht, wie vom guten Genius geleitet, die Richtung geändert und das Hindernis Erdkröte von hinten kommend überwunden hätte.

Schließlich das **achte Abenteuer.** Das eigentlich mehr eine lustige Begebenheit ist. Cokki krabbelt auf einen runden Stein, um auszuruhen, seine Fühler zu putzen und die Mundwerkzeuge vom klebrigen Pflanzensaft zu reinigen. Und merkt gar nicht, dass er sich fortbewegt. Der Stein ist nämlich das Gehäuse einer Weinbergschnecke, welche sich in einem langsamen über zügigem Tempo auf dem Erdboden zwischen dem Gewirr der Vegetation fortbewegt.

Dem Spätsommer entgegen

Die Tage sind noch heiß, die Nächte beginnen sich abzukühlen. Die Temperaturunterschiede begünstigen manches Gewitter mit starkem Regen und Hagelschauern. Es ist ein natürlicher Vorgang, wenn Kleintiere dabei und beim entstehenden Hochwasser zahlreich zu Tode kommen. Das erste Gewitter seines Lebens hätte auch für Cokki das Ende bedeutet, wenn er nicht Minuten vorher, als ihn ein dicker Regentropfen traf, in einer Höhle stecken geblieben wäre. Das kam so.

Nach einem seiner vielen Weitflüge, in denen er sich vom Wind treiben lässt und beinahe inaktiv weiter geweht wird, landet er schon wieder, - welcher Zufall doch! -, an einem in vollen schwarzen Beeren stehenden Holunderbaum. Man sieht ihm von weitem nicht an, dass alle seine dünnen äußeren Zweige „besetzt" sind – natürlich von Blattläusen! Wer könnte diese zählen? Ein Biologielehrer aus der Nachbarschaft hat es versucht, indem er auf zehn Zentimeter langen Zweigen 400 Läuse abgezählt und dann hundertmal solche Zweige gesucht und gefunden hatte – und damit auf 40.000 Läuse gekommen war. Nun aber besaß dieser Holunder nicht hundert Mal solche Zweigabschnitte, sondern geschätzte 500, die fast alle gleich stark besetzt waren. So konnte er die 40.000 mit 5 multiplizieren und kam folglich auf 200.000 Tiere. Der Lehrer berichtete später in einer Gartenzeitung:

„Weil ich wegen des drohenden Gewitters mit der Zählung Schluss machen musste, habe ich also nur ein Fünftel des Baumes untersuchen können. Und schätzte, dass auf den nicht untersuchten Teilen des Baumes noch mindestens 400.000 Läuse ihr Unwesen treiben müssten. Damit ist der Befall eines einzelnen Baumes mit einer halben Million Individuen nicht zu hoch gegriffen."
Und was hat diese Schilderung mit unserem Cokki zu tun? Nun, er ist beim erwähnten Weitflug auf einem Nachbarbaum gelandet, einer jungen Eiche von drei Meter Höhe. Dass sie, wenn der benachbarte Holunder abgestorben sein würde, als nächster Blattlausbaum an die Reihe käme, war selbstverständlich. Denn schon jetzt fliegen schwangere Blattlausweibchen hinüber, um eine neue Kolonie zu gründen. Dort, wo sich Zweige und Blätter beider Bäume berühren, sah man viele Blattläuse zu Fuß übersetzen. Cokki reihte sich sogleich in die Menge der Schädlingsbekämpfer ein, die wir hier noch einmal vorstellen wollen: die beiden „Blattlauslöwen" Larve Marienkäfer und Larve Florfliege, ihre Eltern und Großeltern, bekannte Singvögel wie Meisen, Grasmücken, Rotkehlchen, Zeisig, Girlitz, Sperlinge, Nachtigall, Zaunkönig und Goldhähnchen.

Wenn der Besitzer der beiden befallenen Bäume ein Anhänger chemischer Keulen wäre, hätte Cokkis junges Leben hier sein Ende gefunden. So gelingt es ihm, als die „Ausräucherung" beginnt, in einen hohlen Zweig zu fallen und zu überleben. Ausräucherung? Ja, unter dem Holunderbaum wird nun jene Art Feuer entfacht, das viel Qualm, sehr viel Qualm, undurchsichtigen und erstickenden Qualm sogar, entfaltet, der vielen Lebewesen, menschlichen wie tierischen, einen Hustenreiz beschert, „der nicht von Pappe ist". Können Blattläuse husten? Können sie rasch davonhuschen, wenn unter ihnen die Hölle entfacht wird? Zweimal nein. Es regnet, ganz logisch, Blattläuse, und sie fallen ins glimmende Gras und verenden dort. Sich anklammernde Reste der Kolonie werden herunter geschüttelt. Der Baum dankte mit erneutem Aufblühen und Wachstum über dem Durchschnitt.

* * * * * *

Nüchtern und sachlich betrachtet bietet sich also eine Kolonie von Blattläusen als ein richtiger und echter Kriegsschauplatz dar. Auf dem jeder gegen jeden kämpft. Zwischen den Kombattanten wuseln die neutralen Ameisen herum, melken ihre Blattläuse und tragen tote Tiere und ihre leeren Hüllen in den Bau davon. Also auch hier, wie überall in der Natur, eine perfekte Wiederverwertung. Ein stetes Kommen und Gehen herrscht hier, das manchmal nur eine Woche anhält, dann kann eine Kolonie „bis auf den letzten Mann" vernichtet sein. Alle Räuber müssen zu nächsten Futterplätzen abziehen. Die Larven der Marienkäfer verpuppen sich und kleben jetzt an Pflanzen, Blättern und Stängeln der Umgebung. Sie werden, wenn sie als Käfer wiedererwachen, auf Wanderschaft gehen oder fliegen müssen.

Wenn Cokki sich mit Blattläusen „bis oben hin vollgefressen“ hat, benötigt er selbstverständlich eine ausgiebige Ruhepause. Er tritt diese jetzt sofort an und verbirgt sich unter einer Blüte im mittleren Blätterdach. Ohne sich mühsam anklammern zu müssen sitzt er sozusagen auf der Pflanze fest. Kein Windstoß, der die Pflanze trifft und sie hin und herschaukelt, vermag ihn abzuschütteln. Landet aber nebenan ein Vogel, stößt unten ein Hase an die Pflanze, was eine durchaus unterschiedliche Erschütterung verursacht, dann fällt Cokki zu Boden und dort eine Weile mucksmäuschenstill liegen. Dieses angeborene Schutzverhalten, das viele Insekten beherrschen, kann zweischneidig sein: Zum einen rettet er das Leben vor einem Fressfeind, der hungrig nach Nahrung stöbert, zum anderen macht es passiv gegen andere Fressfeinde, die sich ja bekanntlich überall aufhalten, nämlich Mäuse, vor allem die quirlige Spitzmaus, die nicht zu den echten Mäusen zählt, aber stets Hunger hat.

* * * * * *

Im ewigen Rhythmus von Appetit und Ruhebedürfnis gehen die Sommertage dahin. Gefahren, die den früheren gleichen, müssen überwunden werden. Der Mensch schafft einige von ihnen. An einem Tag Ende August in den Vormittagsstunden wäre Cokki seine Vorliebe für besonders fette und gläserne Blattläuse beinahe zum Verhängnis geworden. Er hält sich mit seinesgleichen in einem Biotop auf, das mehr Vorteile bot als gleichartige nebenan in einem penibel gepflegten Vorgarten einer Villa. Hier steht jeder Grashalm in Reih und Glied, wie man so schön lässig sagt, kein welkes Blatt zeigt an, dass Schädlinge am Werk sein können. Jede Feld- oder Waldmaus meidet den Garten wegen der Katzen, und Singvögel, sonst Gärten sehr zugetan, weichen woanders hin aus.

Aber im direkten Umfeld, nur von fünf Metern getrennt, wachsen so genannte Unkräuter wie absichtlich ausgesät – so verhält es sich auch! Hier flattern Schmetterlinge gar seltener Arten umher, Grillen und Heuschrecken zirpen ausgelassen, nette und dekorative Käfer wie Pinsel- und Rosenkäfer beklettern Blütenpflanzen. Und sogar Eidechsen liegen, ein Sonnenbad genießend, auf warmen Steinen und hölzernen Balken. Ein Miniparadies, klar, wie es ohne menschliche Eingriffe entstehen kann, aber Fressen und das obligate Gefressenwerden liegen auch hier nah beieinander. Dieses Biotop oder Umfeld, von Menschenhand fachgerecht angelegt, trägt den amtlichen Namen „Landesstraßenrand“. Denn neuerdings sind ja unsere Straßenämter angehalten, Wildkräuter dort anzulegen, wo es möglich ist und sie nicht stören. Aber sie stören doch, wenn sie höher wachsen als amtlich geplant. Und verdecken sie dabei Verkehrs- und andere Hinweisschilder, auch Begrenzungssteine und Bordsteigkanten, dann erregen sie öffentliches Ärgernis und müssen entfernt und beschnitten werden. So kommt es zur erwähnten Zweischneidigkeit.

Cokki hält sich hier am Landestraßenrand auf, weil ihn sein einer sicherer Instinkt auf Nahrungsquellen hergeleitet und der andere Trieb zur Arterhaltung geführt hat; wir werden darauf noch zurückkommen. Denn jetzt rücken die Mitarbeiter der Straßenverwaltung mit schwerem Geschütz an: Der Mähbalken einer laut ratternden Maschine gleitet über den Erdboden und legt alle Pflanzen in geordneter Reihe nieder. Also geschieht hier etwas, das mit Zweischneidigkeit noch wohlwollend kritisiert ist – es müsste natürlich Behördenwillkür heißen!

Noch besteht für die heimatlos gewordene Kleintierwelt geringe Gefahr, denn zwischen Abmähen und Aufladen liegt bei der amtlichen Arbeitsweise der Männer meist eine Zeit von einer Stunde. Genug, sich zu verdrücken und laufend, kriechend oder fliegend das Weite zu suchen. Cokki, vielleicht doch nicht diese Störung als direkte Gefahr deutend, sucht dennoch einen stehen gebliebenen Halm oder einen ähnlichen Startplatz. Doch eine vierzinkige Heugabel fasst ihn mit einem Grasbüschel und wirft ihn in hohem Bogen auf die Ladefläche eines Transporters. Wenn er jetzt unter das Mähgut gerät, ist seine Biografie beendet. Denn schon steigt ein Arbeiter auf den Wagen, um das ganze Gemüse festzutreten. Cokki fällt an die Innenwand der Ladefläche, ein raues Brett, klettert wie ein Eichhörnchen hoch und erreicht die obere Stahlkante. Hier rutscht er ab und fällt dorthin, wo er sich vorhin aufgehalten hat – gerettet? Gerettet! Kurz vor seiner Landung fängt er sich durch Aufklappen seiner Flügel ab, landet aber nicht und wird vom Wind in ein ganz neues, ihm noch unbekanntes Gebiet getragen: in einen Nadelwald.

Hochzeiten am laufenden Band und Vielweiberei

Cokki, über dessen Geschlecht wir erst seit kurzem informiert sind, war bisher noch nicht in die Lage gekommen, es uns zu beweisen. Doch nun, wo er den Straßenarbeitern von der Schippe gesprungen und in den Fichtenwald abgetrieben ist, wendet sich sein Dasein einem ersten Höhepunkt zu. Er landet am Stamm einer ausgewachsenen Fichte und hat nichts anderes im Sinn, als aufwärts zu klettern und einen guten Startplatz zu finden. Was weiß ein Marienkäfer von einem zehn Meter hohen Baum? So gut wie nichts. Er kann nur krabbeln und steigen und zufällig einen abzweigenden Ast finden.

Schon nach einem Meter Aufstieg stößt er auf einen Marienkäfer, der auf ihn gewartet zu haben scheint – Cokki findet sein erstes Weibchen! Er besteigt es, als habe er dieses Verhalten vorher geübt oder erlernt, von hinten, (siehe unsere Bilderfolge zu diesem Thema), und es glückt bei beiden Anfängern die körperliche Vereinigung. Diese ist notwendig, wenn das Weibchen befruchtete Eier legen soll. Aber aus dieser Tätigkeit in Sachen Vermehrung und Arterhaltung wird leider nichts: Denn dieses Weibchen ist schon so gut wie tot! Es klebt mit seinen Füßen und einem Teil seiner unteren Körperhälfte an einem frischen Harzaustritt der Fichte und wird sich nicht mehr freistrampeln können. Um ein Haar hätte dieses Schicksal auch

Cokki erwischt, als er vom Weibchen abließ und mit einem Hinterbein den Harztropfen berührt.

Sein noch immer glückliches Geschick führt Cokki zu einem Querast, der ihn rechts ab zu einem weiteren Ast ins Freie leitet, wo es heller ist und sich tatsächlich eine kleine Kolonie von Blattläusen befindet – die man Fichtennadel-Läuse nennen sollte. Diese Läuse sind alle von hellgrün bis grüngelb gefärbt, wie die Fichtennadeln ringsum und damit für Fressfeinde, welche mit den Augen suchen, kaum auszumachen. Cokki fasst beherzt die erste Laus am Weg, die prall mit Saft gefüllt ist, und beißt sie an. Ein Duft von Tannennadeln umgibt ihn augenblicklich, genauso wie es uns Menschen ergeht, wenn wir unser Badewasser mit Tannennadelöl anreichern wollen.

Diese neue Duft- und Geschmacksrichtung gefällt Cokki sehr, und er futtert so viele Blattläuse, darunter einige fette Königinnen, dass er danach einhalten muss und in einen Ruheschlaf, hoch über der Landschaft, verfällt. Wieder geht dabei eine Gefahr an ihm vorüber, weil das Sommergoldhähnchen, ein geflügelter, nur wenige Gramm wiegender netter Singvogel, ihn nur beäugt und auf eine Mahlzeit verzichtet. Nach dem Schlaf kann Cokki weiternaschen, bis der Alkoholgehalt des Läusesaftes ihn betrunken gemacht hat.

Kein Kleingeschöpf wie Marienkäfer kann zwölf Stunden hintereinander aktiv sein. Selbst die unermüdlichen und äußerst verfressenen Großlibellen, welche hier auf der Sonnenseite der Bäume eifrig hin und herfliegen, um Beute zu machen, legen eine Flugpause ein und lassen Beutetiere ungeschoren. Das rettet Cokki wieder einmal vorm Gefressenwerden, als er sich fallen lässt und bis auf die unteren, weit ausladenden Äste gleitet. Diese Libellen gehören zu den gefräßigsten Räubern der fliegenden Zunft und sind, - viele Naturfreunde wissen dies nicht -, vollkommen vom Wasser abhängig: Das Weibchen legt seine Eier an Wasserpflanzen ab, die schlüpfenden Larven leben im Wasser, verpuppen sich allerdings über Wasser und werden dann diese flinken Flieger – die wie Hubschrauber in der Luft „stehen“ können. Cokki also entkommt einem dieser „Hubschrauber“ und macht anschließend mit jemandem Bekanntschaft, der gemeinhin „fahrender Untersatz“ genannt wird.

Der hier zuständige Förster hat beobachtet, wie Cokki von der Libelle nicht belästigt wird, aber nur kurz abfliegt und nun auf der Windschutzscheibe des PKW sich gemütlich eingerichtet hat. Beobachtet von den beiden Kindern des Försters, die als erstes fragen, wieso sich ein solcher Käfer auf dem glatten, schräg angeordneten Glas halten kann. Das weiß ihr Vater auch nicht, man beschließt, die Antwort auf diese Frage im Internet zu suchen – wir werden sie, werte Leserschaft, bald beantworten.

Jetzt kommen die Kinder auf die Idee, Cokki entweder mit nach Hause zu nehmen oder während der Heimfahrt festzustellen, wie lange er sich auf der Scheibe halten kann, ehe er vom Fahrtwind abgeworfen wird – kein schlechtes Experiment, nicht wahr! Gemütliche 20 KMH, dann 25, nun Tempo 30; Cokki scheint an der Scheibe zu kleben, 40, 45 und plötzlich, kurz vor 50, ist er nicht mehr da! Er ist in den benachbarten Garten verweht worden und auf einem bereit stehenden Kartoffelkorb gelandet. So kommt es dazu, dass Cokki noch einmal intensiv mit Glasscheiben in Kontakt geraten wird.

* * * * * *

Denn Korb, Kartoffeln und Cokki werden nun ins Haus transportiert. Cokki hat sich schon einmal in menschlichen Behausungen aufgehalten, aber natürlich derartige Abenteuer in seinem winzigen Gehirn nicht speichern können. Die Kartoffeln werden in der Küche abgestellt, ohne dass der mittransportierte Cokki entdeckt wird. Wohin fliegt ein Käfer in einem nur mäßig erhellten Raum? Tagsüber zur hellsten Stelle natürlich, die meistens wie ein aufrecht stehendes Rechteck aussieht und verlockend Freiheit und Entkommen suggeriert: Sonnenschein, blauer Himmel, ein Blick in einen Garten! Cokki fliegt nicht direkt diese Öffnung an, sondern dreht in der Küche zwei Runden, wobei er einem aufmerksamen, zu allen Streichen aufgelegtem Papagei sehr nah kommt. Dann nimmt er Kurs aufs Licht und prallt „in voller Fahrt“ gegen die Fensterscheibe und fällt auf die Fensterbank.

Diese menschliche Einrichtung ist für Insekten ein höchst gefährlicher Ort: Denn jede Hausfrau, die etwas auf sich gibt, hält diese Fläche penibel sauber und duldet dort, zum Beispiel, keine Brummer, Mücken und natürlich auch keine auf dem Rücken liegende Marienkäfer. Und was kann ein Marienkäfer gegen Wischlappen und Handstaubsauger ausrichten! Cokki hat Glück, niemand befindet sich im Zimmer, er rappelt sich auf, ersteigt einen Blumentopf, läuft auf dessen Rand zwei Runden und findet so den Anschluss nach oben. Von der erkletterten Sensiveria, die natürlich blattlausfrei ist, startet er erneut zum Fenster hin und ins Missgeschick: Aufprall, Absturz, Ohnmacht, nächster Versuch. Dieses Mal stürzt er in eine Topfpflanze mit reichlich Blatt- und Rankenwerk und nutzt die Gelegenheit, den Hunger zu stillen. Ganz zarte hellgrüne und beinahe durchsichtige Blattläuse sind gerade dabei, hier eine Kolonie einzurichten. Die Kinder des Hauses hatten gestern ein paar Larven der Florfliegen draußen im Garten eingesammelt und in diese Kolonie gesetzt. Cokki hilft nun bei der Dezimierung.

Dann macht er den nächsten Versuch, aus diesem Haus herauszukommen. Als er erneut abstürzt, fällt er nicht auf eine Pflanze oder die Fensterbank, sondern auf einen kleinen Blumenstock, der ihn zur Fensterscheibe leitet. Noch einmal freilich rutscht er ab und landet auf, nicht im Aquarium, wo ihn Goldfisch Isidor vermutlich ins Maul genommen hätte. Cokki jedoch landet auf dem trocken Blatt der einzigen Wasserpflanze des Aquariums und erreicht von dort den Rand des Beckens und die nahe Fensterscheibe. Wieder geht es aufwärts.

Wie wir alle wissen, können viele Insekten wie Stubenfliege, Bremsen und auch Mücken an glatten Scheiben auf und ab krabbeln und sogar kopfüber an Zimmerdecken; Marienkäfer gehören zu ihnen. Jetzt ist Cokki auf dem richtigen Weg, dieses gastliche Haus zu verlassen: Denn die große Scheibe ist mit einem Oberlicht versehen, also einer nach innen aufklappbaren Scheibe, damit frische Luft, ohne Zugluft zu bilden, ein- und verbrauchte Luft abziehen kann. Die Scheibe steht offen! Cokki tritt ins Freie, breitet die Flügel aus, der Abwind erfasst ihn über Gärten, gepflasterte Wegc und Bundesstraßen in einen Laubwald hinein. Dort herrscht schon Abenddämmerung und Cokki findet ein Astloch im Stamm einer Buche und krabbelt in die verlassene Höhle – das war heute ein Abenteuertag sondergleichen!

* * * * * *

Jetzt müssen wir erklären, warum manche Insekten so artistisch und behände sind, über Fenster und Decken laufen zu können. Lassen wir Forscher und Wissenschaftler antworten. Schon Aristoteles, altgriechischer Gelehrter und Philosoph, 384 bis 322, wunderte sich über die Fähigkeiten von Insekten an glatten Flächen, - Fensterscheiben gab es noch nicht -, herumturnen zu können. Als Ursachen wurden Haken, Saugnäpfe oder klebrige Flüssigkeiten vermutet. In jüngerer Zeit widerlegten systematische Untersuchungen diese Hypothesen. Vielmehr zeigte sich, dass ein Insektenfuß aus tausenden von feinen mikrometer kleinen Härchen besteht, die über Adhäsionskräfte an der Oberfläche haften. Das Unterteilen der Kontaktfläche in sehr viele Einzelkontakte ist dabei ein wirksames Prinzip zum Erreichen hoher Haltekräfte. Eine Fliege etwa besitzt mehr als 5.000 Hafthärchen. Je schwerer das Tier ist, desto zahlreicher sind die Haare. So verfügen Geckos, eine Echsenart, über etwa 500.000 feinste Härchen mit Abmessungen von nur 0,2 bis 0,5 Mikrometern. Durch die Röntgen-Mikroskopie konnte das alles festgestellt und beobachtet werden.

Herbst

Die dritte Jahreszeit kündigt sich für Marienkäfer dadurch an, dass die Nahrungssuche allgemein schwieriger wird. Viele Insekten, darunter „Riesen“ wie das Grüne Heupferd, werden vor dem Winter, meist mit dem ersten Frost, auf natürliche Art sterben, nachdem sie für Nachwuchs gesorgt haben. Einen von diesen Grünlingen hat Cokki plötzlich vor sich, als er einen Ast entlang läuft. Es ist ein Männchen, das seit Tagen einige Hochzeiten hinter sich hat und schon am Absterben ist. Wir wollen nicht ausmalen, wenn es noch fidel gewesen und Cokki „angenommen“ hätte! Cokki rennt einfach weiter und überklettert die Heuschrecke.

Kaum hat er auf diesem Ast einen weiteren Meter zurückgelegt, kommt es zur nächsten Begegnung: Eine riesige Rote Waldameise (*Formica rufa*) scheint ihm den Weg verstellen zu wollen, doch sie hat andere Absichten und stakst über ihn hinweg. Dadurch verliert er den Halt und fällt nach unten. Ehe Cokki seine Flügel zwecks Abbremsung entfalten kann, ist er auf einen dicken Wasserfrosch (*Rana esculenta*) gefallen. Dieser ist satt und nutzt die letzten Sonnenstrahlen, ehe ihn die Jahreszeit tief in den Bodenschlamm seines Teiches zwingt, wo er überwintert.

Der nächste Tag bringt Cokki wiederum in Lebensgefahr. Ein prachtvoller, in allen Gold- und Grünfarben schillernder Käfer, größer als ein Maikäfer, aber nicht nur Vegetarier, taucht überraschend aus dem Erdboden kommend, vor Cokki auf. Er ist ein arger Insekten- und Würmerfresser, mit zangenartigen Mandibeln, welche eine Raupe in einem Biss in zwei Happen teilen können, mit starken Beinen, die ihm seinen Namen geben: Laufkäfer. Aber auch er hat von dieser Jahreszeit andere Ansichten als vom Frühjahr und kann froh sein, hier nicht vom Maulwurf oder einer Waldmaus überrascht zu werden. Für fliegende Insekten ist der Herbst keine nette Jahreszeit. Denn überall, - wir erwähnten es bereits -, haben Kreuzspinnen, welche überwintern können, ihre Fangnetze aufgehängt. Zugegeben, sie machen im Herbstlicht und mit Morgentau besetzt, einen dekorativen Eindruck. In jedem zweiten Netz hängt eine Beute der Spinne, darunter auch ein völlig eingewickelter Marienkäfer – so betreibt man eine sinnvolle natürliche Vorratswirtschaft.

* * * * * *

Es mag merkwürdig klingen: Aber erst jetzt, in einer Schönwetter-Periode von zwölf Tagen, kann Cokki sich in Sachen Arterhaltung so richtig austoben. Mit seinen letzten Flügen hat er weite Strecken hinter sich gebracht, viele Runden und Kreise gedreht und ist dennoch nicht viel in der Welt herumgekommen: Denn ein nicht definierbarer Zwang führte ihn immer wieder in seine Geburtslandschaft zurück, zu Gärten, großen und kleinen

Äckern, lockeren Wallhecken und Laub- und Nadelwäldern – die er schon einmal durchstreift hat. Überall scheinen nicht mehr sehr umfangreiche Blattlauskolonien der kommenden Jahreszeit trotzen zu wollen.

So trifft Cokki jetzt nicht nur auf Nahrung im Überfluss, sondern auch auf jede Menge Marienkäfer-Weibchen. Sie alle sind zweisömmerig und können, jetzt befruchtet, erst im nächsten Frühjahr ihre Eier loswerden. Sie sorgen derart für die erste Generation des kommenden Jahres. Wir haben noch nicht geschildert, wie die eigentliche Begattung vor sich geht und holen das jetzt nach.

Bei der Marienkäfer-Art *Septempunctata*, der Cokki angehört, unterscheiden sich die Geschlechter, äußerlich betrachtet, so gut wie gar nicht voneinander. Die Männchen sind zwar grundsätzlich größer als die Weibchen, doch das ist, wegen der zahlreichen Varianten, keine sichere Bestimmung. Wer in freier Natur eine Paarung beobachten kann, wird feststellen, einen Größenunterschied nicht zu sehen. Das fünfte Hinterleibsglied, genannt Sternit, der Weibchen ist etwas spitzer zulaufend geformt als das des Männchens; es gibt aber auch hier Abweichungen.

Die eigentliche Kopulation, die man in der Natur häufig beobachten kann, zieht sich manchmal lange hin und dauert dann eine halbe Stunde oder bis zu achtzehn Stunden. Wie im gesamten Tierreich üblich sind die Paarungsteilnehmer in dieser

Situation besonders gefährdet, weil ihre Aufmerksamkeit, Wachsamkeit und die Fähigkeit zu raschen Reaktionen nachlässt. Nicht immer wird das Weibchen der Marienkäfer, welches die ganze Situation auf der Stelle hält, bei Gefahr die notwendige Reaktion zeigen und sich nach unten fallen lassen. Der Autor hat mehr als einmal beobachtet, dass das kopulierende Pärchen in einem Rutsch gemeinsam im Rachen einer Amsel verschwand.

Mit der Spitze der Penisführungsrinne hakt sich das Männchen in das weibliche achte und neunte Sternit ein, um die weiteren Sternite auseinander zu drücken. So kann der Penis eindringen. Das Paar ist dabei, wie schon angedeutet, fest aneinander geklammert. Es werden drei Spermatophoren (Samenpakete) übertragen. Nach der Paarung bemüht sich das Weibchen, das Männchen durch Abstreifen mit den Hinterbeinen oder durch eigenes seitliches Abrollen loszuwerden. Die erste Begattung eines Weibchens reicht durchaus, dass es dauerhaft Eier legen kann. Doch ist auch Vielmännerei beobachtet worden. Bei den meisten Marienkäfer-Arten kann das Weibchen das aufgenommene Sperma des oder der Männchen auf Vorrat halten.

Beim Massenauftreten unserer Marienkäfer, - wir berichteten bereits darüber -, kann es zu einem vollkommenen Durcheinander der Paarungswilligen kommen. Dieses kann man auch im eigenen oder fremden Garten beobachten, wo wegen des hohen Aufkommens von Blattläusen viele Käfer sich einstellen. Dann klettert ein zweites Männchen auf das erste, auf das zweite und aufs dritte. Bis das untere Weibchen die ganze Sippschaft nicht mehr halten kann und sich nach unten stürzen lässt. Diese Massenvorkommen! Sie werden durch günstige Temperaturen und reiches Nahrungsangebot hervorgerufen und weil Marienkäfer, - wir deuteten das schon an -, nicht von allzu viel Fressfeinden angegangen werden.

Wir müssen hier noch kurz das unter Wissenschaftlern geläufige Wort „Volitinismus" erklären. Es bedeutet Generationsfolge. Und Bivolitinismus besagt, dass die Käfer zwei Generationen pro Jahr haben. Das trifft auf unseren Cokki zu, wie wir bald erfahren werden.

* * * * * *

Den ersten Versuchs-Winterschlaf kann Cokki einüben, nachdem das schöne Herbstwetter für eine Woche von Kälte, Nässe und Stürmen abgelöst wird. Da liegt natürlich der Flugverkehr der Insekten vollkommen still. Rechtzeitig und instinktiv bleibt Cokki an einem solchen Tag in seinem Nachtversteck hocken, das auch ein passendes Winterversteck sein könnte: An einer alten Eiche, die im Sommer einen Blitzeinschlag verkraften musste, hat sich ein Rindenstück von der Größe 50 mal 100 Zentimeter abgelöst und einen vom Regen geschützten Innenraum gebildet, in dem sogar eine Fledermaus untergekommen ist. Hier ist Cokki auch sonst nicht allein. Einige Verwandte und Kollegen der auch bei uns in Europa großen Marienkäfer-Familie sind hier eingekrochen, aber noch nicht ganz erstarrt. Der Zweipunkt *Adalia bipunctata,* Vierpunkt Marienkäfer *Harmonia quadripunctata,* Zehnpunkt Marienkäfer *Adalia decem-punctata,* Nadelbaum-Marienkäfer *Aphidecta obliterata* und Schöner Marienkäfer *Sospita vigintiguttata.* Im Versteck herrscht eine Temperatur von 8 bis 10 Grad, während es draußen durchschnittlich 5 Grad kälter ist.

Die Seite des gastlichen Baumes ist nach Süden gerichtet, so dass bei einer spätherbstlichen Rückkehr höherer Temperaturen alle Käfer geweckt werden, herausgekrochen kommen und sich wie im Frühjahr in die Lüfte schwingen. Diese Lüfte, diese Luft! Sie ist sicherer geworden: Alle Nur-Insektenfresser unter den Singvögeln, wie Mauersegler und Schwalben sind nach Süden abgeflogen. Andere, welche speziell Gebüsche und Sträucher nach Nahrung abgesucht haben, wie Grasmücken, Rohrsänger und Bachstelzen sind ihnen gefolgt. Obwohl auch das vorwinterliche Insektensterben schon eingesetzt hat, ist die Luft voller winziger Moskitos, Stechmücken, fliegende Ameisen und Schlupfwespen. Letzte Kleinlibellen flirren über ihre heimatlichen Teiche, machen Hochzeitsflüge und die Weibchen legen ihre Eier ab.

Noch einmal, nur zwei Tage lang, durchflutet goldenes Herbstlicht Gärten, Parkanlagen, schon vergilbende Gebüsche und die vielen potentiellen Jungfichten und Nordmanntannen, die bald als Weihnachtsbäume dienen werden. Das Nahrungsangebot für Marienkäfer ist schon stark eingeschränkt. Cokki verschlägt es noch einmal in einen Bestand von Jungkiefern, an deren Nadeln extrem kleine Blattläuse sich vollsaugen. Forstleute und Waldbesitzer gehen beobachtend ihre Bestände ab und freuen sich über jeden Marienkäfer. Cokki als roter Siebenpunkt fällt unter den zahlreichen fast tiefschwarzen Reppener Kugelkäfern (*Hyperaspis reppensis*), die auf dem hinteren Teil ihrer Deckflügel zwei rote Punkte tragen, besonders auf. Auch der gelbe Zehnpunkt-Marienkäfer (*Adalia decempunctata*) ist noch unterwegs. Alles Leben ist nur eine Frage der Temperatur, heißt es. Singvögel, die reine Insektenfresser sind, wir haben die Schwalben als passendes Beispiel genannt, verlassen uns nicht wegen des Klimas, sondern weil sie nichts mehr zu essen finden. Ein gutes Beispiel für diese These sind die Singvögel Kiefern- und Fichtenkreuzschnäbel, welche sich und die ihre Brut nur mit den Samen der genannten Nadelbäume füttern – und dieser ist nur im Winter, - je strenger dieser, desto mehr gibt es -, ausreichend vorhanden. Die Altvögel polstern das Nest besser aus als jeder Polstermeister es mit seinen Sofas tut, und lassen die nackten Jungen in den ersten Lebenstagen nie unbedeckt – da kann ihnen auch ein sibirischer Winter nichts anhaben!

* * * * * *

Alle Marienkäfer sind nun besorgt, den Gefahren des kommenden Winters durch die Wahl eines günstigen Ortes zur Überwinterung zu trotzen. Manche suchen menschliche Behausungen auf: Gartenhäuser, Geräteschuppen, Pavillons, Scheunen, alte Remisen, neue Garagen, Vieh- und Hundehütten, Unterstände, Dachgeschosse und auch Wohnungen. Wer von ihnen vielleicht das Wohnzimmer erwischt und sich hinterm Bücherschrank niederlässt, ist meist ratzeputz verloren: Weil ihn die Heizungsluft austrocknen wird. Andere Käfer geraten in Staubsauger und unter Bohnerbesen.

Ein fleißiger Doktorant, der eine Doktorarbeit zu „Überwinterungen von Käfern" schreibt, untersucht in dieser Zeit die grünen Biomülltonnen nach achtlos mit Grasschnitt hinein getanen Marienkäfern aller Arten. Er fand fast ausschließlich den Zweipunkt und keinerlei Erklärung für dieses Verhalten. Denn dieser Marienkäfer bevorzugt zum Überwintern zusammengerollte Blätter, wo sich manchmal ein halbes Dutzend von ihnen eingefunden hat. Draußen in der freien Landschaft ist das Angebot von Verstecken auch für Marienkäfer schier unüberblickbar. Unterschlüpfe zwischen oder unter Steinen sind sehr begehrt und finden schnell jede Menge Mieter. Spalten und Räume zwischen Baumrinde und Baumstamm haben wir schon erwähnt, verlassene Höhlen von Spechten, Eulen und Staren noch nicht, sie bieten vor jeder Witterung Schutz, es regnet nicht hinein und Kleintiere wie Cokki können sich überall dünne machen. Ehe er endgültig in den Winterschlaf geht, dieses Jahr erst Anfang November, hat er ein paarmal die erwähnten Nisthöhlen aufgesucht, aber noch nicht das Richtige gefunden.

Was können wir Menschen tun, unseren Marienkäfern das Überwintern zu erleichtern? „Wie kann es überhaupt angehen?“, fragen sich „manche Laien“, „dass diese kleinen Körper Minus-Temperaturen, die ja auch in ihren Winterverstecken auftreten können, im Großen und Ganzen unbeschadet überstehen?“ Nun, wir alle kennen von unseren Automotoren her Frostschutzmittel. Vor ihrem Winterschlaf sammeln Marienkäfer in ihrem Körper Fett an, dazu Lipoide und Glykogen, eine Art von natürlichem Frostschutz, der für die Sicherheit vorm Erfrieren zuständig ist – bis zu minus 15 Grad!

Marienkäfer überwintern gern in großen Gruppen, die auch im Sommer bei Nahrungsmangel entstehen können, man nennt diese Aggregation. In Gesellschaft lassen sich karge und kalte Zeiten besser ertragen und die Überlebenschancen steigen. Wir zitieren zu diesem Thema Dr. Hans-Jörg

Wunderer vom Naturkundemuseum in Regensburg:
„Ein schöner Platz reicht für die Marienkäfer jedoch nicht aus, um über den Winter zu kommen. Besonders dann nicht, wenn es richtig kalt wird. Daher schaltet sein Körper, sobald es im Herbst kälter wird, den Stoffwechsel um. Er produziert nun Glycerin, das sich in der Körperflüssigkeit und somit im ganzen Körper des Käfers verteilt. Diese Substanz wirkt wie ein Frostschutzmittel und verhindert, dass der Körper des Käfers durchfriert."
Eine Überlebenshilfe für Marienkäfer kann man mit einfachen Mitteln an Vogelnistkästen anbringen: Dabei wird das Flugloch verkleinert, indem man, zum Beispiel, eine metallene überall erhältliche Unterlegscheibe vorklebt oder vorschraubt. Dann können Vögel wie Meisen und auch Stare, die nicht immer fortziehen, aber auch Mäuse auf der Suche nach Nahrung nicht einschlüpfen. Diese Verkleinerung des Fluglochs kann man im zeitigen Frühjahr abmontieren, so dass für die genannten Vögel die gewohnten Brutmöglichkeiten bestehen bleiben.

Bei seinen „Übungen" zum ersten und einzigen Winterschlaf hat Cokki instinktiv alles richtig gemacht und wird auch im Ernstfall das Richtige tun: Nämlich sich nicht auf dem Boden der Höhle niederlassen, sondern an der Decke! Automatisch krallen sich dort seine sechs Beinchen fest…

* * * * * *

Unser Cokki hat nun das Glück, - oder ist's sein Verstand? -, einen von kenntnisreichen Naturfreunden geschaffenen Winterplatz zu finden. Es ist ein bunt bemalter hölzerner Vogelnistkasten mit in der beschriebenen Art und Weise verkleinertem Einkriechloch. Nach Südwesten gerichtet und innen mit Holzwolle und zerschnippeltem Zeitungspapier ausgepolstert. Auf diesen Kasten war in der Brutzeit der Gartenvögel, vom April bis Ende August, eine dieser modernen Wild-Beobachtungskameras gerichtet, deren bewegte Bilder auf das nur zwanzig Meter entfernte heimische Fernsehen übertragen wurden. Diese Kamera ist nun abmontiert und so entgeht der Familie, dass Cokki „anwesend ist".

Er ist nämlich vor drei Tagen schon einmal vorbeigekommen, hat inspiziert und eine Nacht verbracht. Aber weil die noch warme Oktobersonne ihn weckt, ist er hervorgekommen, um sich an der Außenfassade des Häuschens aufzuwärmen. Rechtzeitig nach dem Abfall der abendlichen Temperatur ist er wieder eingekrochen und ward nicht mehr gesehen. Aber: Er bekommt Gesellschaft. Der Autor ist als Beobachter vor Ort, als noch weitere Marienkäfer, darunter ein 24-Punktata, von den oberen Ästen des Baumes hinab gekrochen kommen und durchs verkleinerte Loch

Einlass finden. Ihnen folgt am nächsten Tag, auf den letzten Drücker sozusagen, noch ein halbes Dutzend Siebenpunkte.

Wir wollen, werte Leserschaft, bei diesem Stand der Dinge, - der Winter steht vor der Tür -, untersuchen, welche Gefahren die inaktive Jahreszeit für die Kleintierwelt auf Lager hat. Seit der Mensch den Status des *Homo sapiens* erreicht hat, ist er unermüdlich tätig gewesen, das Bild seiner Erde zu bearbeiten und nach seinen Wünschen zu gestalten. Das waren früher nur Nadelstiche, ein paar Millionen Menschen, über den ganzen Globus verteilt, waren nicht in der Lage, ihr Umfeld maßgeblich zu verändern. Doch die fulminante Vermehrung des Menschen auf heute 10 Milliarden Individuen multipliziert die Probleme des Überlebens ins Zigfache.

Es ist ja nicht so, wollen wir einfügen, als wäre die freie Natur ohne uns Menschen ein Paradies. Auch ohne unser Einschreiten und Eingreifen führen die Fresser und die Gefressenen einen ständigen Überlebenskampf – eben ums Fressen und um Lebensräume. Die natürlichen Veränderungen dieser Räume durch mächtige Erdbeben, Überschwemmungen, Trockenheiten, Wachstum und Absterben lässt den einen auf der Strecke und fördert den anderen.

* * * * * *

Bleiben wir somit bei Cokki, seinen Artgenossen und all jenen, die sich ein Versteck für den Winter gesucht haben und alles über sich ergehen lassen müssen, was nebenbei passiert und der Mensch für notwendig erachtet. Wir zählen auf, was zu Ungunsten Cokkis geschehen kann.

Erstens. Die Wald- und Forstarbeiten. Alle Arbeiter und Planer warten auf den Frost, der den Wald für schweres Gerät passierbar machen soll. Früher stapften wackere Rückepferde durchs Gelände und zogen die gefällten Baumstämme an die Waldwege, wo sie verladen werden konnten. Auch das schon eine Arbeit, welche vielen Kleintieren das Leben kostete. Doch heute rücken Einmann-Maschinen an, welche Bäume im Hauruck-Verfahren fällen, entasten, entrinden und zerschneiden. Brutal und rücksichtslos wird der lockere Waldboden mit seinen Tausenden von bewohnten Verstecken um- und umgewühlt. Alle in den Räumen zwischen Baumstamm und Baumrinde lebenden Kleintiere sind verloren. Auch in den von Spechten geschaffenen Nisthöhlen wird jedes Leben vernichtet.

Zweitens. Der Straßenbau. Solange der Frost die Arbeiten nicht unterbindet, werden nun neue Gräben geschaffen und alte zugeschüttet. Vom Engerling bis zu Eidechsen, Wasserfröschen und Schlangen über Winterschläfer wie Insekten und Marienkäfern wird alles in einem Rutsch erledigt.

Drittens. Das Wegschreddern von natürlich gewachsenen Gebüschen. Ein Grundstückbesitzer, dessen Grundstück, größer als ein Fußballfeld, mit Brombeeren, Himbeeren, Sommerflieder, Sonnenblumen und Holunderbüschen besetzt ist, kommt auf den Gedanken, hier Nordmanntannen zu pflanzen. Noch im letzten Sommer war die Fläche Tummelplatz für Insekten von A wie Ameisenlöwen über M wie Marienkäfer bis Z wie Zitronenfalter – ein Eldorado auch für Menschen mit Schönheitsgefühl! Mit bisher hier nicht gesehenen Blumenarten und Wildpflanzen, an der nicht nur jede bekannte Tierart, sondern auch die heimische Kräuterhexe ihre Freude gehabt hat. Nun, während Cokki nicht weit entfernt ungestört seinen Winterschlaf abhält, kommt die Maschine und schreddert alles kurz und klein.
Und viertens. Die Osterfeuer. Jeder Mensch dieser Erde, gleich welcher Religion, ob groß oder klein, freut sich ausgangs des Winters über die länger werdenden Tage, mehr Licht und steigende Temperaturen. Da verlangt alter Brauch seine Traditionen, das Osterfeuer. Schon im Herbst haben fleißige Bürger brennbares Material, Zweige, Äste und Kleinholz herbeigeschafft, das sich allmählich im Haufen verdichtet und hervorragende Unterkünfte für Marienkäfer, Motten, Haselmaus und Igel geschaffen hat. Heute gibt es die Vorschrift, dass dieser Osterfeuerhaufen vorm Abbrennen versetzt werden muss - „früher krähte kein Hahn danach“-

und die große österliche „Tierverbrennung“ lockte Hunderte von freudigen und frommen Zuschauern an.

* * * * * *

Wenn Cokki träumen könnte in diesen Tagen des Absterbens in der Natur, könnte er sich seinen letzten Tag vorm Winterschlaf in Erinnerung rufen: Ein Tag voller Gefahren und Glücksfälle. Die Sonne vergoldet die Natur, aus Herbst scheint Frühling geworden zu sein, letzte Nachzügler sind unterwegs und könnten morgen vom Wetterumschwung überrascht werden. Bevor Cokki sein von uns schon vorgestelltes Winterquartier erreicht, hat er noch ein Abenteuer zu überstehen. Er landet an einem trockenen Baum, der markant gegen den Himmel absticht: eine Eichenruine. Stehen gelassen, um kleinen Tieren Unterschlupf zu gewähren. Früher hätte jeder Förster oder Waldbesitzer hier das Abholzen befohlen, heute heißt es kategorisch: stehen lassen! So ist er Asyl und Versteck von Insekten aller Art geworden.

In Inneren nagen Borkenkäfer und ihre Larven an der Substanz, so dass er in den nächsten Jahren aus eigener Kraft zusammenstürzen wird. Jetzt herrscht hier Hochbetrieb: Hunderte Marienkäfer haben sich versammelt, weil nach unten hin viel Platz vorhanden zu sein scheint, wo es warm genug ist, aber nicht zu warm, unbeschadet den Winter zu verbringen. Unbeschadet? Das gibt's wohl nicht. Da landet ein Buntspecht am Stamm. Mit Marienkäfern jedoch hat er nichts im Sinn, wohl aber mit Larven und Puppen größerer Käfer, die im Inneren des Baumes im morschen Holz leben. Er weiß sie mit seinem spitzen Schnabel herauszuhacken. Sein kräftiger Anflug fegt Cokki vom Stamm.

Dort unten liegt er sekundenlang zwischen toten Artgenossen. Es sind vorsömmerige Marienkäfer, die einen zweiten Winter nicht mehr erleben können. Waldmäuse tun sich an den kleinen Leichnamen gütlich und hätten auch Cokki erwischt, wenn er nicht blitzschnell gestartet wäre. Dieser Flug bringt ihn nun zur Endstation des Jahres: zum hübschen kleinen Nisthäuschen, welches in diesem Jahr einem Paar Gartenrotschwanz zur Jungenaufzucht gedient hat - fünf Junge waren darin aufgewachsen und flügge geworden. Danach hatten die Gartenbesitzer das Haus gereinigt und für kleine Überwinterer hergerichtet. Cokki kriecht ein, klettert ein wenig umher und hängt nach einigen Minuten so, wie wir es bereits berichtet haben, kopfüber an der Decke. Sein Mikroorganismus schaltet ab, auf Sparflamme sozusagen, und kein Anzeichen aktiven Lebens ist mehr zu erkennen. Hier bewährt sich jene Chance zum Überleben, die eine sinnvolle Natur und bewährte Evolution auch ihren kleinen Mitgliedern zuerkennt. Es ist aber auch vollkommen selbstverständlich, dass etliche Winterschläfer, ohne dass ihnen irgendetwas passiert, aus diesem Schlaf nicht mehr erwachen…

Am nächsten Tag beginnt die in den Medien angekündigte Schlechtwetterzeit mit Regen, Sturm, erstem Frost und Schnee. Niemand, der es nicht nötig hat, sollte jetzt draußen verweilen. Cokkis Heim ist nur aufgehängt, nicht angenagelt, sicher zwar, aber es schaukelt hin und her wie ein Schiff auf rauer See. Er und seine Mitschläfer spüren von alledem nichts – aber haben sie tatsächlich ein sicheres Versteck gewählt? Wird Cokki zu den Lebewesen gehören, welche die kommenden vier, fünf oder sechs Monate überstehen?

Winterzeit

Der November ist der große Verlierer des Jahres! Zwar beginnt der Herbst im September und der Oktober kann schöner sein als dieser, und auch im November gibt es gelegentlich freundliche Tage. Aber plötzlich ist alles kahl und kalt, nass und leer geworden. Die Tage werden erheblich kürzer, die Nächte länger, Nebel schleichen an und verdrängen die schon schwache Sonne. In den Gärten steht noch der Grünkohl, weil, - wie es heißt -, er nur genießbar sei, wenn er Frost abbekommen habe.

Wir haben jetzt, werte Leserschaft, während Cokki schläft, Zeit genug, uns über einige Fachbegriffe und Gelehrsamkeiten ausführlich berichten zu lassen.

Überwinterer. Auch im Winter gehen viele Leute in ihren Keller, teils um zu heizen, teils wegen ihres Essens und Trinkens. Mit wachem Blick und gutem Auge können sie dort Überwinterer entdecken, so genannte Untermieter ohne Vertrag, die sich eingeschlichen haben und den Schutz unserer Häuser suchen, um die kalte Jahreszeit zu überstehen. In der Natur draußen wählen Tiere Höhlen, Baumlöcher, Spalten in Erde und Gestein, wie wir es schon beschrieben haben. Auch haben wir schon erwähnt, dass viele Arten herausbekommen haben, dass es sich in unnatürlichen, also menschlichen Höhlen, gut überwintern lässt, sofern sie nicht geheizt werden: eben Keller, Dachböden und andere „Ersatzorte“, die den natürlichen ähnlich sehen.

In Bezug auf Cokki haben wir erfahren, dass ihn nicht nur Kälte, sondern auch der Mangel an „Lebensmitteln“ veranlasst, den Winter schlafend abzuwarten. Er kann nicht, wie seine Gartenmitbewohner Singvögel, einfach in den Süden „abhauen“. Man unterscheidet drei Arten der Überwinterung: Winterschlaf, Winterruhe und Winterstarre.

Winterschlaf. Ein Lexikon erklärt das am Beispiel „Fledermäuse“, die ja Cokki hätten packen können, wäre er ein fleißiger Nachtflieger gewesen. „Um den langen Schlaf zu überleben, fressen sich Fledermäuse im Herbst Fettreserven an, von denen sie den ganzen Winter lang zehren… Sie senken ihre Körpertemperatur und alle lebenswichtigen Funktionen auf ein Minimum ab. Ein spezielles braunes Fettgewebe hilft ihnen, während des Winterschlafs die Körperwärme zu regulieren. Ihre Herzen, die im Sommer 240 bis 450 mal pro Minute schlagen, tun dies während des Winterschlafs nur noch 18 bis 80 mal. Zwischen zwei Atemzügen kann sogar eine Pause von über einer Stunde liegen.“

Winterruhe am Beispiel Eichhörnchen. Genau wie die Fledermäuse fressen sie sich Fett an. Zusätzlich vergraben sie Eicheln und Nüsse im Boden oder verstecken sie in Baumhöhlen. Während ihrer Winterruhe wachen die Tiere häufig auf und werden aktiv. Sie verlassen ihr Quartier, um ihre Vorräte zu suchen und dann etwas zu fressen.

Winterstarre. Winterstarre kommt bei Amphibien wie Fröschen und Kröten, aber auch bei Marienkäfern und Florfliegen vor. Ihre Körpertemperatur passt sich der Umgebung an. Sobald diese auf einen bestimmten Wert gesunken ist, verfallen die Tiere in einen Starrezustand und verbringen den Winter in einem regungslosen Zustand. Sie verfügen über keine großen Energiereserven und können nichts aktiv zu ihrem Wärmehaushalt beitragen. Erst wenn die Temperaturen wieder wärmer werden, wachen unsere wechselwarmen Gäste aus ihrer Winterstarre auf.

* * * * * *

So hat die gesamte freilebende Tierwelt ihr Verhalten auf die jeweilige Jahreszeit abgestimmt. Viele Tiere schlafen fest wie Cokki, andere haben das Land verlassen wie alle Zugvögel, einige kommen durch, haben aber mehr Zeit zur Nahrungsbeschaffung aufzubringen. Alle überwinternden Insekten haben sich nun wie Cokki endgültig verkrochen. Es ist, im echten Sinn des Wortes, ein „sich in Sicherheit bringen“.

Ende November kommt die Kälte, die das Holz knacken lässt. Gesunden Individuen der freien

Tierwelt machen solche Frostgrade wenig aus, nur wer sowieso schwach ist und „auf der Kippe steht“, erliegt ihnen. Die aktuelle Frage lautet: „Wie können Insekten wie Cokki im Winter sterben?“ Keinesfalls ist mäßiger Frost ihr größter Feind. Wie sollte es sonst möglich sein, dass Insekten im fernen Sibirien 40 und mehr Gras minus überleben! Jetzt, in diesem seinen ersten und letzten Winter, muss sich herausstellen, wer ein gutes Versteck gefunden hat. Gehört Cokki zu ihnen?

Marienkäfer bilden mit anderen Insekten einen erheblichen Teil an Nahrung der daheim gebliebenen Singvögel. Diese suchen, zum Teil systematisch, alle Unterschlüpfe sorgfältig ab, wenden das Falllaub um, kratzen den Boden auf, drehen Steine um, hacken Löcher, erweitern Spalten, gucken in diese hinein – mit kurzen Worten: Der Hunger treibt sie zu immer neuen Einfällen. Dennoch sind die Verluste der Gesuchten und Gefundenen nie so groß, dass ihre Bestände in Gefahr geraten.

Der Autor, werte Leserschaft, hat auch bei strengen Temperaturen nicht hinterm Herd gesessen. Zum einen trieb ihn die Winterzeit nach draußen in die Reviere, um Hirsche, Rehe, Wildschweine und anderes Wild auf den Film zu bannen, zum anderen hielt er die Augen im unmittelbaren Nahbereich offen. So konnte er folgendes in aller Ruhe und Kälte beobachten.

Erstens: Ein flinker „Daheimbleiber“ wie der Zaunkönig besuchte ihn regelmäßig, als er auf

Hochsitzen saß und auf „edleres“ Wild wartete. Einmal huschte der kleine Vogel sogar in die Kanzel hinein – als Kanzeln bezeichnet der Jäger „geschlossene“ Hochsitze. Dort fand er in den Ritzen der Bretter und Stangen Nahrung „in Hülle und Fülle“: Spinnen, Milben, Puppen, Brummer und auch Marienkäfer, die sich in einem Pulk bis zu zwanzig Stück zusammengeschlossen hatten.

Zweitens: Ein Trupp niedlicher Schwanzmeisen, die im Winter ganze Familien bilden, suchte die südliche hölzerne Außenwand einer Blockhaus-Jagdhütte ab. Im Fernglas konnte ich erkennen, was ich nicht einmal in der Nähe hatte sehen können: In den freien Ritzen und Spalten der Wand wimmelte es scheinbar von Nahrung, die leider auch aus zahlreichen Marienkäfern bestand.

Drittens: Die Schwarzdrossel oder Amsel, die ja auch im Winter bei uns bleibt, wühlte zehn Meter von mir entfernt das Buchenlaub um, als wenn sie hier im Wald saubermachen wollte. Alle zehn Sekunden pickte sie etwas auf. Ich machte es ihr nach und fand tatsächlich auf einem Quadratmeter Waldbodenfläche durchschnittlich ein Dutzend Marienkäfer der Art Zweipunkt.

Und viertens: Ein Schwarzspecht, der bei seinen Untersuchungen alter Bäume auf mehr aus ist als auf kleine Insekten, hackte mit seinem meißelförmigen Schnabel die Baumrinde ab, dass die Fetzen flogen. Ich beobachtete ein Rotkehlchen, dass diese Stücke am Boden intensiv untersuchte. Ich tat es ihm gleich und fand an den Innenseiten der Rindenstücke eine komplette Versammlung von Marienkäfern in Winterstarre, die nun wohl verloren waren.

* * * * * *

Cokki, es muss mitgeteilt werden, übersteht diesen Winter trotz aller Gefahren, die auf ihn „niederprasseln“. Sie seien hier in der nun schon üblichen Art und Weise aufgelistet.
Erstens: Er merkt in seinem Winterquartier nichts davon, dass ein hungriger Buntspecht täglich herkommt, es zu kontrollieren. Mit seinem Schnabel hämmert er auf die Unterlegscheibe ein und kann sie natürlich nicht beseitigen. Dann lässt er seine lange Zunge, die klebrig ist, in das Haus schnellen und hat Erfolg: Einige Marienkäfer und Florfliegen, die von seiner Zunge berührt werden, bleiben kleben und verschwinden in seinem Kropf.
Zweitens: Als im Dezember der Wetterbericht eine Verschärfung des Frostes auf „mindestens 18 Grad minus“ ankündigt, lässt die Familie des Gartenbesitzers Cokkis Winterquartier ins Haus holen und in der Garage aufhängen, wo zwar auch Frostgrade herrschen, das Thermometer aber nie unter 3 Grad minus abfällt. So werden Cokki und Gesellen vorm Erfrieren gerettet. Nach vierzehn Tagen ist der Kälteeinbruch vorüber und das Haus wird wieder draußen an Ort und Stelle befestigt

Drittens: Unerwartete, aber wohl äußerst hungrige Gäste machen sich an Cokkis Heim zu schaffen: Eine Familie von Waldmäusen, die sich in den Garten gezogen hat, weil es ihr, vielleicht, im nahen Wald zu ruppig geworden war. Nachdem die Mäuse sich am Eingang zum Haus fast die Zähne ausgebissen hatten, gingen sie daran, das Holz zu benagen. In Kürze, argwöhnte der Gärtner, werden sie sich Zutritt verschafft haben. So bot man den Mäusen einige Meisenknödel als Winterfutter an, was dankbar angenommen wurde.

Neue Gefahren drohen vom Menschen, denen kein tierischer Verstand etwas entgegen setzen kann: Motorsägen kreischen rundherum, alle Gartenbesitzer sind bestrebt, sich vom Altholz und zu hoch geschossenen Trieben zu befreien, also „Ordnung“ in den Gärten zu schaffen. Auch unser Gärtner denkt so, weiß aber aus Erfahrung, dass jetzt, wo noch alle Tiere unter dem Winter in irgendeiner Form zu leiden haben, nicht eingeschritten werden sollte. Obstbaumbeschnitt, Hecken kürzen ja, aber nicht einmal den Efeu von der Schuppenwand reißen.

Dass Cokkis Baum als Wohnblock hochbegehrt ist, beweisen warme Tage im Februar: Plötzlich sind die Stare da, die schon lange keine echten Zugvögel mehr sind, sich aber in städtische Bereiche wie Müllkippen und Zoologische Gärten gezogen haben; dort gibt‘s immer Futter genug. Sie hören den Frühling schon trapsen und die Männchen beziehen Wachtposten an den vielen Staren-Nistkästen, die hier aufgehängt oder an Baumstämme montiert wurden.

Mitte März beobachtet der Gärtner, dass Cokki und seine Artgenossen in der Mittagszeit aus dem Haus kommen, um sich an den Außenwänden aufzuwärmen – die echte Winterstarre scheint also beendet zu sein. Und das richtige Verhalten geschieht instinktiv: Als die Sonne untergeht und es recht kühl wird, kriechen Cokki und die Seinen ins Haus zurück.

Neue Zeit – neues Leben

Zum zweiten Mal geboren! Am 1. April, der Frühling ist nominell eine Woche alt und macht seinem Namen alle Ehre, erwacht Cokki endgültig aus der Winterstarre. Als er von der Decke des Nistkastens, auf den bereits ein Paar Blaumeisen Anspruch erhebt, heruntersteigt und in seinem Schlupfloch erscheint, ist er nicht allein. Wohl an die zwanzig Marienkäfer haben im Kasten überwintert und beeilen sich nun, nach ein paar Minuten des Sonnenbadens und Umhertrippelns in die neugewonnene Freiheit hinauszufliegen.

Cokki wird durch eine Macht daran gehindert, die er schon kennengelernt hat: durch eine menschliche Hand. Eine zarte und behutsame zwar, aber doch bestimmende. Sie umschließt ihn in Dunkelheit, transportiert ihn und lässt ihn wieder frei: In ein gläsernes Gewächshaus, in dem bereits Tomatenpflanzen, Kopfsalat, Petersilie und Schnittlauch herangezogen werden. Salat und Schnittlauch haben bereits des Gärtners unliebsamen Besuch erhalten: Blattläuse! So früh im Jahr können sie nur in Gewächshäusern vorkommen. Cokki als Sieben- und Adalia als Zweipunktkäfer sind hierhin evakuiert worden, weil, wie der Gärtner sich äußert, „für alles im Leben bezahlt werden muss“, womit er Cokkis monatelange Unterkunft im Vogelhäuschen meint.

Während Cokki also das Angebot annimmt und sich fleißig an die noch höchst zarten Läuse heranmacht, wird sein Winterheim für die Blaumeisen hergerichtet. Fort mit der Unterlegscheibe, wobei der Einschlupf meisengerecht wird, Reinigung der guten Stube von toten Überwinterern und erneutes Aufhängen des Häuschens – noch hat der Gärtner nicht ganz den Rücken gedreht, da fliegt die erste Meise ein: Neues Leben braucht diese Erde!

Niemand hindert Cokki daran, das Gewächshaus zu verlassen. Er tut es und ersteigt einen Stapel Brennholz, der von der Sonne aufgeheizt ist. Der auf wunderbare Weise in seinem kleinen Körper untergebrachte Mechanismus beginnt nun voll zu arbeiten, die so genannten Lebensgeister erwachen. Kann ein Marienkäfer steif werden vom langen Ruhen? Fast scheint es so, denn Cokki reckt und streckt sich wie ein Spätaufsteher und läuft auf dem Holz umher, als habe er die volle Orientierung noch nicht wieder erlangt. „Licht, Luft Sonne!" Cokki hat fünf Monate Dunkelheit, Starre und Untätigkeit überstanden. Was wird das neue Jahr bringen? Eines gewiss: Gefahren wie das vorige!

* * * * * *

Ein unerwarteter Windstoß fegt Cokki vom Holzstapel herunter. Aber er beherrscht ja den Start aus freiem Fall und fängt sich ab. Kreiseziehen, Bogengleiten, Sturzflug, Wiederaufsteigen, eine Acht fliegen oder schnurgeradeaus – alles funktioniert wie früher. Dort, eine grünzarte Birke, ist ein richtiger Lande- und Ruheplatz. Wie üblich ist Cokki ziemlich lange geflogen, befindet sich aber doch noch in unmittelbarer Nähe seines Winterbaumes. Blattläuse, wo seid ihr? Er findet keine, sucht Zweige und den Stamm ab, ermüdet in der warmen Sonne, klemmt sich in eine Ritze fest und erstarrt in ihr, als die Sonne untergegangen ist. Festgeklammert verbringt er die erste Nacht nach der Winterpause.

Erst die Mittagssonne des nächsten Tages weckt ihn. Kann ein Insekt wie Cokki hören? Vermutlich nicht. Wenn ja, würden Cokki jetzt die Ohren klingeln. Denn das Frühjahr ist im Tierreich eine laute Jahreszeit. Vögel singen nicht nur, sie streiten sich auch lautstark um Partner und Reviere. Spechte hämmern am Baum, es ist ein Kommen, Gehen, Fliegen, Rufen und Schelten. Cokki sucht einen freien Startplatz und startet rasch, ehe ein Star ihn aufzuessen versucht. Man muss auf der Hut sein!

Fliegen – das ist doch das Schönste! Die Luft wimmelt von Flugakrobaten aller Art, Sausen und Brausen überall, Summen und Brummen: Hummeln, Bienen, Wespen und Hornissen sind aufgewacht, die Schwalben und Mauersegler sind aus dem Süden zurückgekehrt. Ein Feldspatz versucht Cokki in der Luft abzufangen und verfehlt ihn um Zentimeter. Dann schnappt der Gartenrotschwanz nach ihm, schließlich ein Fliegenschnäpper. Cokki entkommt und schnurrt weiter, rein zufällig seiner alten Heimat entgegen. Dort landet er auf einem frisch gesetzten Pfahl „direkt vor der Nase des Gärtners“, der ihn mit einem freundlichen „Hallo“ und „Na, auch schon wieder da?“ empfängt. Des Gärtners Schnittlauch ist schon fünfzehn Zentimeter hoch und von dünnen, mageren Blattläusen befallen. Cokki räumt unter ihnen auf.

Eine Woche lang, wie oft im April, ist das Wetter so scheußlich, dass kein Hund vor die Tür gejagt wird und Katzen von selbst im Haus bleiben. Während dieses Kälteeinbruchs und Dauerregens hält Cokki einen siebentägigen Nachwinterschlaf im Geräteschuppen des Gärtners. Dorthin haben sich auch jene Schmetterlinge geflüchtet, die den Winter als Vollinsekt verbracht haben; hauptsächlich die hübschen Zitronenfalter. Am siebten Tag dringt die Sonnenwärme durchs Teerdach des Schuppens und lockt Cokki nach draußen. Diesmal gönnt er sich einen Dauerflug von fünfzehn Minuten, der ihn weit fort-, aber auch wieder zurückbringt. Quer durch einen Vogelschwarm von Ringeltauben, deren Fahrtwind ihn mitzureißen droht. Zum ersten Mal in diesem Jahr kurvt er auch durch Schwärme seinesgleichen, es gibt Zusammenstöße, Abstürze und Ausweichen im letzten Moment.

Als Cokki einmal den Boden ansteuert, überfliegt ihn ein mächtiger Fasan, dessen Flügelschläge ihn zur Erde schleudern. Ein zweiter Fasanenhahn, - sie tragen hier ihre Balzkämpfe aus -, stolziert auf ihn zu und hätte ihn aufgepickt, wenn der Konkurrent nicht aufdringlich näher gekommen wäre. Als wüsste Cokki genau, dass „sein“ Garten einer der sichersten Plätze der Welt ist, steuert er diesen nun an und landet mitten auf dem Rasen – über den zum ersten Mal in diesem Jahr die Mähmaschine ihre Bahnen zieht. Ein noch nicht gemähter Grashalm bietet Cokki eine gute Startbasis. Cokki erklimmt ihn und fliegt ein Stück fort in jene Vegetation, die bisher immer viel Unterschlupf und Nahrung bot: Brombeer-, Himbeer-, Johannisbeer- und Stachelbeersträucher in der südlichen Zone des Gartens. Dort ist es molligwarm, dort ist das Gedeihen der Blattläuse und Milben am weitesten fortgeschritten, hier trifft man auf viele Artgenossen und Genossinnen. Die nächsten Wochen beschäftigt sich Cokki damit, sein Leben zu erhalten. Es können hier nicht alle Gefahren aufgezählt werden, die er direkt und indirekt meistert, denn sie ähneln den bereits bekannten. Folgen wir jetzt „unserem Freund“ auf den Höhepunkt seines Lebens.

Erneuerung und Abenteuer

Fortpflanzung ist Erneuerung, nichts anderes! Für alle Lebewesen dieser Erde ist sie die zweitliebste Beschäftigung nach Essen und Trinken. Es gibt hierfür zwar immer eine Saison, aber Frühjahr und Sommer bilden die Hauptzeiten. In diesem unseren letzten Kapitel, werte Leserschaft, darfst du auch erleben, wie schnell und unverhofft man Witwer werden kann.

Dieser Winter, so streng und ruppig er war, hat den wichtigsten Nahrungsquellen Cokkis nichts anhaben können. Die Bestände der Blattläuse explodieren, Gärtner und Landwirte fürchten Schlimmes und dass man um chemische Keulen nicht herumkommen wird. Entsprechend groß fällt das Gemetzel aus, das die tierischen Feinde unter den Blattläusen anrichten. In diesem Mai, der das Wachstum fördert wie kein anderer Monat, macht sich der uns bekannte Gärtner noch einmal auf die Socken, alle seine Blattlauskolonien in einer Art von Volkszählung zu begutachten und abzuschätzen, ehe er im Verein mit Marienkäfern zu ihrer Vernichtung schreiten muss. An allen bekannten Gemüse- und Obstpflanzen, Unkräutern wie Brennnessel und Melde, findet er Koloniegründungen. Einige kann er mit einer Handbewegung erledigen, andere müssen sich einer „natürlichen" Spritzkur unterziehen, nachdem der Gärtner vorher die Nützlinge abgesucht und umgesiedelt

hat. „Natürliche Spritzkur“? Was soll das sein, bedeutet es? Hier ist die Erklärung.
Man nehme: „Eine Regentonne von mindestens 50 Litern Fassungsvermögen aus Kunststoff, Holz oder Steingut und stelle sie dort im Garten auf, wo sie den ganzen Tag über von der Sonne beschienen werden kann. Man besorge sich aus eigenem Garten, Nachbars Garten oder aus der freien Flur an Weges- und Straßenrändern frische Brennnessel-Pflanzen ohne Blüten und Wurzeln und zerkleinere sie im Mixer. Das Mengenverhältnis ist 1.000 Gramm für fünf Liter Wasser, das Regenwasser sein sollte. Alles ab in die Regentonne und wenigstens 24 Stunden gären lassen. Die Tonne nicht ganz auffüllen, weil der Inhalt, den man dann Brennnessel-Jauche nennt, aufschäumt und überläuft. Fliegendraht-Deckel oben drauf, damit Tiere nicht hineinfallen. Nach zwei, besser drei Tagen, kann man die Jauche in einen Unterdruck-Sprüher füllen und alle von Blattläusen heimgesuchten Pflanzen kräftig besprühen.“

Unser Gärtner hat auch für seine Leser berichtet:
„Nachdem ich untersucht hatte, dass keine Blattlausfresser wie Marienkäfer und andere in der Kolonie anwesend waren, richtete ich den nicht zu kräftigen Sprühstrahl auf die Gesellschaft. Sofort fielen einige Blattläuse wie betäubt vom Stängel, andere starben augenblicklich ohne abzufallen und der Großteil geriet in eine fürchterliche Aufregung

und versuchte abzuwandern – noch eine Dosis drauf, und sie streckten alle Beine von sich.“
Der Autor bestätigte, dass die Wirkung nachhaltig war und die Jauche ganz offensichtlich den Pflanzen gut getan hatte.

* * * * * *

Zurück zu Cokki, der dabei ist, sich in einer Blattlauskolonie wie ein Berserker an der Ausrottung von Blattläusen zu betätigen. Ein tollwütiges Raubtier ist er heute, rücksichtslos und verfressen, schubst Rivalen zur Seite und beißt sich mit einer ausgewachsenen Larve. Schließlich ist er so vollgefressen, dass er an Ort und Stelle Ruhe pflegen muss. Die Landung einer Nachtigall, die auch einmal schwelgen möchte, wirft ihn zu Boden. Als er sich unten aufrappelt, befindet er sich unmittelbar hinter einem anderen Marienkäfer, der ebenfalls niederfiel und sich nach oben begeben will. Wenn Cokki sich jetzt, werte Leserschaft, wie wir Menschen äußern könnte, würde cr gewiss sagen: „Aha, Madame, Sie kommen mir gerade recht.“ Aber er äußert sich natürlich nicht, aber handelt. Ohne je in den letzten Monaten viel geübt zu haben, weiß Cokki genau, was zu tun ist. Bevor er diese „Dame“, - denn ein Marienkäferweibchen ist sie tatsächlich -, von hinten besteigen kann, wetzt sie wie angestochen los und vollzieht das alte Spiel des „Noch-nicht-bereit-seins“ und -

„wollens". Ein munteres Treiben hebt an, über Äste, Grashalme, Dornen, Rindenstücke, Blattläuse und andere Kollegen. Es hätte glücklich, wenigstens im Sinn beiderseitigen Vorhabens enden können, wenn die Verfolgte nicht wieder den Drang nach oben gehabt hätte. Cokki immer hinterdrein, im gehörigen Abstand von wenigen Zentimetern, und es ist vorläufig nicht ersichtlich, ob er sie einholen kann oder nicht. Aber weitere Überlegungen erübrigen sich: Plötzlich ist Madame nicht mehr da! Cokki rennt ins Leere. Eine Erdkröte hat Schicksal gespielt und seine diesjährige erste Liebe verschnabuliert. Man erkennt hieraus, dass es nicht immer vorteilhaft ist, den Vordermann zu spielen!

So muss Cokki sich, einmal auf den Geschmack gekommen, eine neue Braut suchen. Dieses ist natürlich im momentanen Angebot nicht schwer, Aber sie sollten, vorerst, zusammen nicht kommen! Cokkis aufgeregte Trippelei bringt ihn auf einen Fußweg des Gartens, wo Amseln und Singdrosseln gern nach Regenwürmern stochern. Hier trifft er Braut Nummer zwei, die von einem fremden Freier belästigt wird. Cokki nimmt die Verfolgung auf, überholt den Nebenbuhler, doch ist dies kein Gewinn, denn auch diese Braut geht den Weg allen Irdischen – von einer Drossel verputzt. In einem kurzen Intermezzo und Irrtum mit dem Rivalen, der aufreiten möchte, wird Cokki zum Verfolgten, aber wieder hackt ein Schnabel zu

- man sieht, nicht immer ist es vorteilhaft, den Hintermann zu spielen!

Wenn sich Kleintiere wie Cokki ans Wasser wagen, hier ist es der Gartenteich, begeben sie sich in höchste Lebensgefahr. Hier, oft am Ufer, hocken nämlich die fetten, feisten und unendlich dösig aussehenden grünen Wasserfrösche. Sie haben nach dem langen Winterschlaf im Schlamm des Teiches nicht anderes im Sinn, als ihre knurrenden Mägen zu füllen und Weibchen herbeizuquaken. Was sich ihnen nähert und die passende Größe hat, ist im schwuppdiwupp von einer klebrigen, wie mit Pattex bezogenen Langzunge erfasst und in den erwähnten Magen befördert. So ergeht es leider der Braut Nummer drei, weil sie wie üblich Vordermann spielt und sich von Cokki Zentimeter abwärts in Wassernähe treiben lässt. Ein zweiter Frosch schleudert seine Zunge Cokki nach – zu kurz.

* * * * * *

Damit ist Cokki an einem Vormittag dreimal Witwer geworden. Und noch gibt es keinen Grund, den Tag vor dem Abend zu loben. Nach einem kurzen Mittagessen von acht Blattläusen schwingt Cokki sich in die Lüfte und landet in einem Neuland: eine Viehwiese mit Kühen und Pferden darauf. Kühe gelten bekanntlich als Inkarnation friedlichen Daseins, aber sie können auch töten, nämlich friedliche Marienkäfer, die sich im Gras aufhalten und von den mampfenden Kühen, die ja das Gras mit der Zunge umschlingen und abreißen, aber nicht wie Pferde abbeißen. Und in dem Grasbüschel befindet sich jetzt Cokkis Braut Nummer vier, die dann, in einer halben Stunde etwa, mit dem Grünzeug wiedergekaut wird.

Es gibt Tage, über die wir „Da steckt der Wurm drin“ oder „Der Teufel hat seine Hand im Spiel“ sagen, Cokkis erster Liebestag nach der Winterruhe scheint diese Spruchweisheiten zu bestätigen. Ehe er sich nach Braut Nummer fünf umsehen kann, bricht ein Hagelschauer herein und sowohl er als auch ein paar Kühe und das einzige Fohlen auf der Weide suchen Unterschlupf in einer geräumigen Viehhütte. Während der Hagel auf die Dachpfannen prasselt, landet Cokki zuerst auf dem Fohlen, und nachdem dieses andauernd seinen hübschen Kopf schüttelt, um die Fliegen loszuwerden, setzt Cokki auf den Kopf einer Kuh über. Es gibt unseren Ausdruck „Ein Bild für die Götter“ - er trifft hier zu.

Cokki übernachtet auch in dieser Hütte, er ist dazu hochgeklettert und hat sich im Spalt zwischen Dachpfanne und Dachlatte klein gemacht und verborgen. Der nächste Tag, wie oft nach Gewittern, steigt strahlend hell auf und treibt Cokkis Paarungslaune dem Höhepunkt zu. Er fliegt in einen nahen Bauerngarten und findet dort das Eldorado für Blattläuse vor. Es ist entstanden, weil der zuständige Landwirt erstens keine Zeit mehr für „Kleinigkeiten“ hat und zweitens das Töten der Tiere von A bis Z verabscheut. So geht er alle zwei Tage einmal feierabends durch seinen Garten und beklopft die befallenen Pflanzen mit seinem Spazierstock ab. Sie fallen dann zu Boden und sind in den nächsten drei bis vier Stunden, auch in Nachtarbeit, wieder emporgeklettert.

Hier endlich kann sich Cokki arterhaltend austoben. Denn von Bräuten wimmelt es dort. Kann man die Formulierung „werdender Vater“ auf ein Wesen wie Cokki anwenden? Sicher ist, dass er hier seine Bräute sechs bis vierundzwanzig in Kurzakten begattet, ihre Eier damit befruchtet und noch für dieses Jahr den uns bekannten Zyklus Eiablage, Larvenstadium, Verpuppung und Neuerwachen in Gang setzt. Aber auch sicher ist, dass er in wenigen Wochen ein Jahr alt sein wird. Du wirst, werte Leserschaft, ahnen, was das bedeutet…

* * * * * *

Vorher aber muss berichtet werden, was Cokki bis Anfang Juli außer Vielweiberei und Blattlausvertilgen an außergewöhnlichen Abenteuern erleben darf. Diese Abenteuer bestehen darin, ganz einfach, dass er durch Zufall und Nachhilfe mal hier, mal dort für einen Fotografen „Modell sitzt“ - wobei man das Sitzen nicht wörtlich nehmen darf, denn Marienkäfer können doch weder sitzen noch stehen; sie sind da, sonst nichts. Wir machen eine letzte und teilweise lustige Aufzählung.

Erstens: Eine junge hübsche Dame hat nichts dagegen, dass Cokki auf ihr sitzt, sich sonnt und ihren Körper als Berg- und Tallandschaft zu betrachten scheint.

Zweitens: Auch als er auf einem Baby landet, hat kein Mensch etwas einzuwenden, vielmehr redet man optimistisch und freundlich über die nun wohl rosigen Aussichten des kleinen Erdenbürgers. Diese beiden Vorkommnisse beweisen, welch hohen Stellenwert unsere Marienkäfer „in der Gesellschaft" bekleiden.

Drittens: Angler, landläufig auch Petrijünger genannt, sind alle ein wenig abergläubig und verharren während ihres Hobbys in steter Hoffnung auf einen guten Fang. Besonders, wenn sie des Sonntags ab 7 Uhr verpflichtet sind, fürs Mittagessen einen Braten herzuschaffen. Wenn dann Cokki dahergeflogen kommt und sich auf die Angel setzt, „kann das kein Aberglaube mehr sein", sondern ein Wink des Petrus, „dass gleich der Anbiss eines Karpfens, einer Forelle, eines Lachses oder des erwünschten Hechtes erfolgen wird - Petri Heil!, kleiner roter Knirps."

Viertens: Die Geburtstagstorte, diesmal mit Brombeeren dekoriert, ist just aufgetragen und soll angeschnitten werden, während alle Gäste sie lüstern, weil hungrig, betrachten. Da fällt Cokki im Sturzflug ein und landet auf ihr. Werte Leserschaft, wie hättest du reagiert, wenn statt Cokki ein Laubfrosch, Maikäfer, Mistkäfer, Brummer, Hausspatz, die Hausmaus oder Hauskatze oder gar eine Fledermaus dort gelandet wäre? Du brauchst nicht zu antworten. Cokki wurde natürlich als Glücksbringer fürs nächste Jahr freudig empfangen, in den Garten geleitet und in die frische Luft entlassen.

Fünftens und sechstens: Nicht anders reagierten die Besitzer einer Telekamera und eines Jagdgewehrs, zwei sehr verwandte Geräte, als Cokki „und andere“ plötzlich auf ihnen landeten. Man ließ sie gewähren und wünschte sich gegenseitig „Waidmannsheil!“

Siebtens: Auf der Kommode im Wohnzimmer stand „seit alters her“ eine alte Balgen- oder Plattenkamera und schlummerte friedlich vor sich hin. Nur zum Staubabwischen wird sie noch in die Hand genommen. Jetzt ist Cokki bei seinem Wohnzimmerbesuch auf ihr gelandet und bis auf die Frontlinse vorgekrochen. Man hebt ihn behutsam ab und schickt ihn „mit besten Wünschen“ hinaus in den Garten.

Achtens: Noch einmal landet Cokki in einem Haushalt, weil er ein offenes Fenster als freien Durchflug angesehen hatte. In der Wohnküche war der Tisch bereits gedeckt, die hungrige Familie war dabei, Platz zu nehmen, da prallte Cokki gegen die Wand und stürzte, - ja, wie das Schick-

sal es kurioserweise so wollte -, in einen Teller Suppe, die farblich zu ihm passte: eine Tomatensuppe! Es gab kein Theater, ehe Sorge der beiden Kinder, dass Cokki sich verbrannt haben könnte. Ein Zeigefinger schob sich in die Suppe und unter Cokkis Körper, die zugehörige Hand wanderte auf den Balkon, wo sie Cokki in die blühenden Geranien entließ. Abtrocknen in der Sonne, und ab ging's zu neuen Abenteuern.
Schließlich neuntens: Jagdherr Fritz von Bottensstedt wollte nicht nur auf einen Rehbock ansitzen, sondern auch, jetzt im Juni, auf seinem Lieblingshochsitz ein wenig vom Alltag ausspannen. Als er anmarschierte, nahm er diesen Hochsitz gewohnheitsgemäß ins Visier seines Jagdglases und sah in der Vergrößerung, dass er von einigen „Leuten" besetzt war: Diese Leute waren alle gleich gekleidet, rote Jacke mit sieben schwarzen Punkten – werte Leserschaft, du wirst gemerkt haben, dass es sich um Siebenpunkte handeln muss. Nachdem unser Jäger Platz genommen hatte, besuchte ihn Cokki direkt, indem er ihn von den Jagdstiefeln her nach oben bis zur Jägermütze bestieg.

Ein Sommergewitter und Ausklang

Dieser Tag im Juli, - Cokki ist nun fast genau ein Jahr alt -, wird, so schön er sich anlässt, unfreundlich enden. Nur Wetterkenner und -fühler wie Großvater August Hilgemann, immerhin schon mit neunzig Sommern auf dem Buckel, bemerken den Wetterumschwung und reden davon. Doch niemand möchte ihm glauben. Schon um 11 Uhr lassen viele Blumen ihre blühenden Köpfe hängen, Vögel singen nur ihre notwendigsten Lieder, Landleute und Gärtner schwitzen schon beim Blumengießen und „erfahrene“ Blattläuse wandern in schattige Partien ab. Nutznießer dieser Atmosphäre sind Stechfliegen und Viehbremsen, die massenhaft plattgeschlagen werden.

Wo befindet sich Cokki? Dort, wo es schattig und kühl ist. Unter einer Traube reifender Brombeeren hat er sich verkrochen. Es fällt dem intensiv herblickenden Beobachter auf, dass das Rot seiner Flügeldecken einem Mattorange gewichen ist. Unscheinbar sieht Cokki aus, verbraucht sozusagen! Und genau das trifft zu. Die erste Windboe des anziehenden Gewitters fegt Cokki auf den Erdboden hinab, von dort krabbelt er eine bekannte Stelle hinauf, nämlich den Stamm seines Winterbaumes empor, den er dann doch nicht, im vorigen Herbst, als Winterquartier genommen hatte. Ohne sich um vereinzelte Blattläuse zu kümmern, verkriecht er sich locker in einer Ritze in der Baumrinde. Gegen 15 Uhr schieben sich mächtige

Wolken von Südwesten her ins Land, die Luft scheint stillzustehen, alles Lebende hält den Atem an, bis erste Blitze zucken und Donner rollen, so dass kein Zweifel bestehen kann, was herankommt. Cokki ist inaktiv und wird an seinem Schicksal nichts ändern.

Ein solches Unwetter, das zum Alltag der Natur gehört, als Kleininsekt zu überleben ist nur eine Frage des Schutzes, also der schützenden Unterkunft. Cokki hat eine gute ausgewählt, aber sie ist dem Regenschlag zugekehrt, wodurch er fortgeschwemmt zu werden droht. Doch das Schicksal schlägt anders als erwartet zu. Ein Blitz trifft diesen altehrwürdigen Baum und spaltet ihn bis zum Erdboden hinab in tausend Stücke. Mit einigen von ihnen fällt Cokki die nahe Böschung hinunter und beinahe in den Vorfluter, aber er fängt sich noch einmal ab und erklettert einen jungen Stamm. Ein vorletzter Windstoß schleudert ihn in den genannten Vorfluter, der in einen Bach mündet, dieser in einen namentlich bekannten kleinen Fluss, der alles, war er bewältigen kann, dem dreibuchstabigen Strom zuführt, der in der Nordsee endet.

Unser Cokki? Kurz sieht man ihn noch als Orangepunkt in den Fluten davontreiben. Vermutlich, schon ehe ihn der unaufhaltsame Wasserschwall erfasst, ist sein kleiner Körper erkaltet und hat seinen Dienst aufgegeben und vollendet. Nun ist er unterwegs ins große Meer, und wenn er an der Oberfläche des Wassers treibt, wird ihn wohl der nächste Fisch ins Maul nehmen. Nach jedem noch so gewalttätigen Gewitter bricht die Sonne wieder durch, gewährt neues Leben, unterstützt die noch Lebenden – mögen auch Abertausende Marienkäfer umgekommen sein: Cokkis Nachwuchs bleibt eine Zeitlang und wird wiederum für Nachwuchs sorgen!

* * * * * *

Ein **Nachruf** für Cokki? Ja! Nach langem Hin- und Herüberlegen, werte Leserschaft, ist uns ein Vierzeiler von Eugen Roth eingefallen, der nur ein wenig zum Positiven verändert zu werden braucht. Hier ist er:

„Ein Käfer erblickt das Licht der Welt.
Und bald hat sich herausgestellt,
nach einem toll verbrachten Jahr,
dass dies ein herrlicher Lichtblick war!“

E N D E

Verlags- und Autorenhinweise

Lektorat: Ilka Wallmeyer-Rohdich, Greven

Die Abbildungen: Nicht alle stammen aus dem Archiv des Autors, obwohl dieser sich in fünfzig Jahren bemüht hat, alles, was mit Marienkäfern zusammenhängt, auf den Film zu bannen. Zudem sind fast alle alten und älteren Aufnahmen, analog aufgenommen, heute nicht mehr zur Veröffentlichung geeignet. Viele Abbildungen sind, das sei frei zugegeben, montiert und künstlich zusammengesetzt – es ging auch um Bildwirksamkeit und guten Eindruck. Zu guten Bildern hat auch die Internet-Plattform „pixabay" beigetragen – Verlag und Autor danken herzlich.

Für Leser, welche sich für „Tierbiografien" interessieren, sei auf zwei bereits erschienene Werke des Autors im gleichen Verlag hingewiesen:
„Peter der Große", eine Katerbiografie, ISBN 978-3-96103-327-0,
„Nelli der Einzige", eine Hofhund-Biografie, ISBN
978-3-96103-408-6,
in Kürze erscheint: „August der Starke", eine Pferdebiografie.